シリーズ
21世紀の物性

スピントロニクス

前川禎通

堤 康雅

日本評論社

SPINTRONICS

まえがき

　物質の性質を決めているのはその構成要素である原子とその中にある電子である．電子は電気の素である電荷と磁気の素であるスピンを持っている．スピントロニクスとは，スピンとエレクトロニクスを結合させた造語である．その言葉の通り，エレクトロニクスに電子スピンを加えて新しいエレクトロニクスを作ろうとして生まれた学問分野である．エレクトロニクスは電子の電荷とその流れである電流を制御することにより成り立っているが，さらに電子のスピンを取りこんでより有用なエレクトロニクスを作ることを目的にしている．スピントロニクスは巨大磁気抵抗 (GMR) やトンネル磁気抵抗 (TMR) が実用化された今世紀初めから急速に発展してきた新しい分野である．

　スピントロニクスは新しいエレクトロニクスとしての応用分野だけではなく，基礎研究としても 2 つの大きな意義を持っている．第一に，近年のナノテクノロジーの発展により電子の持つスピンのさまざまな量子効果がコントロールできるようになったこと，第二に，エレクトロニクスと磁気物理学の 2 つの研究分野が融合したことである．このような新しい分野では，そのバックになっている学問の領域が多岐に渡り往往にして何から手をつけて良いか迷うことがある．あるいは，ハウツー本で表面だけをなぞることになってしまいがちである．しかし，新しい学問は新しい視点で取り組むことが適当である，と考える．

　本書はこのような観点から，スピントロニクスの基礎から最先端の研究までを予備知識を必要としないで理解できるように，という主旨で書いたつもりである．理工系の大学の初めに習う量子力学と固体物理の基礎知識があれば，十分に読み通せると思う．

　近年は，基礎科学が実社会で応用されるまでの時間が非常に短い．スピントロニクスはまさに，その代表である．今現在も基礎研究と応用研究がほぼ一体と

なって急速に進んでいる．ぜひ，スピントロニクスの研究のダイナミズムを感じ取っていただければ幸いである．

　本書は，第 1 章から第 5 章，第 10 章および第 11 章を前川が，第 6 章から第 9 章を堤が担当し，全体を著者二人で調整した．本書の内容の多くは，著者達が仲間の研究者と進めてきた研究内容に基づいている．紙面の都合上名前はあげないが，参考文献にそれぞれの寄与を示している．

　2019 年 9 月

前川禎通・堤 康雅

目　　次

まえがき　　i

第 1 章　スピントロニクスとは　　1

第 2 章　強磁性体の電気抵抗　　5
  2.1　電子状態………………………………………………………　6
  2.2　巨大磁気抵抗効果 (GMR)………………………………………　8
  2.3　トンネル磁気抵抗効果 (TMR)…………………………………　14

第 3 章　スピン流　　19
  3.1　伝導電子が運ぶスピン流………………………………………　19
  3.2　スピン波が運ぶスピン流………………………………………　21
  3.3　スピン蓄積………………………………………………………　24
  3.4　スピンポンプ……………………………………………………　26

第 4 章　スピン流・電流相互変換　　29
  4.1　スピンホール効果, 逆スピンホール効果……………………　30
  4.2　電流とスピン流の関係…………………………………………　36
  4.3　非局所スピンホール効果………………………………………　39
  4.4　強磁性体のスピンホール効果…………………………………　41

第 5 章　スピンの動力学　　43
  5.1　磁壁とその構造…………………………………………………　43
  5.2　ランダウ–リフシッツ方程式……………………………………　46
  5.3　磁壁の運動………………………………………………………　47
  5.4　スピントルク……………………………………………………　48
  5.5　スピン起電力……………………………………………………　53

第 6 章	熱とスピン	59
6.1	磁気冷凍	59
6.2	スピンゼーベック効果	60
6.3	スピンペルチェ効果	68
6.4	スピン流の相反関係	72
第 7 章	スピンメカトロニクス	75
7.1	力学回転運動と角運動量	75
7.2	アインシュタイン–ドハース効果とバーネット効果	80
7.3	バーネット磁場の観測	82
7.4	スピン流体発電	84
第 8 章	ヘリウム核スピン流	89
8.1	液体ヘリウム 3	89
8.2	フェルミ液体	90
8.3	超流動ヘリウム 3	99
8.4	核スピン流	104
第 9 章	量子スピンホール効果・トポロジカル絶縁体	113
9.1	量子スピンホール効果	113
9.2	トポロジカル絶縁体	116
第 10 章	超伝導/強磁性接合	133
10.1	超伝導/強磁性接合	133
10.2	超伝導/強磁性/超伝導接合	137
第 11 章	終わりに代えて	143
参考文献		147
索引		151

第1章

スピントロニクスとは

　天然の磁石 (lodestone) はものを惹きつける不思議な石として，ギリシャ時代から知られていたらしい．これは天然に存在するマグネタイト (Fe_3O_4) である．磁石の起源は古代から多くの研究者を虜にしたテーマだった．磁石は電子の自転運動であるスピンが同じ方向にそろうことによる．電子のスピンは量子力学により初めて理解できるので，磁性の起源の解明は量子力学の完成を待たなければならなかった．

　磁性の起源は，アインシュタイン (A. Einstein) も虜にした [1]．1915 年に，アインシュタインは原子や分子内での電子の円運動がアンペールの法則によって磁気モーメントを形成し，それが磁性の起源になっていると考えた．もしそうであれば，磁石に磁場を加えて磁石を磁化させれば，角運動量の保存則から，電子の回転運動による角運動量は磁石の回転運動となって磁石が回転するはずだ，と推測した．そこで，彼は共同研究者のド・ハース (W.J. de Haas) とともに，ひもで吊り下げた鉄の塊に磁場を加えたところ，磁石が回転した．このようにして，彼らは磁性の起源が電子の持つ角運動量である，という結論に至った．また，同じ年に，バーネット (S.J. Barnett) は磁石を高速回転させることにより，磁石が磁化することを発見した [2]．これはアインシュタイン達が行った実験の逆効果であり，回転が磁場と等価な働きをすることを示している．回転運動は加速度運動であることから，アインシュタインが一般相対性理論を出版した同じ年 (1915年) にこのような発見をしたのは頷ける．しかし，これらの研究は大変先駆的であったにもかかわらず，量子力学の発見以前であったこと，および当時の技術で

は安定な高速回転を得るのが難しかったことから，その後は目立った進展は見られなかった．実際，アインシュタインは電子の g 因子[1]が 2 ではなく 1 とする実験結果を信じたようである．

さて，鉄 (Fe) はもっとも良く知られた磁石である．磁石としての性質は 1043 K (キュリー温度) まで保たれる．Fe の融点が 1811 K であることから，強磁性は非常に強固な性質であると言える．強磁性は，物質中の電子のスピンが一方向にそろった状態である．そのため，Fe では原子同士の相互作用と同程度に電子のスピン間に働く力が強いと言える．

物質中の電子の流れが電流である．そのため，Fe に代表される強磁性体では電流が流れると電子のスピンも流れるため，強磁性体の電流には特別な効果が伴っている．第 2 章で述べる巨大磁気抵抗効果 (GMR) やトンネル磁気抵抗効果 (TMR)，また強磁性のホール効果，異常ホール効果，はその例であり，実用的にも利用されている．非磁性金属では，電子のスピンの方向はバラバラなので，電流にはスピンは伴わないが，何らかの理由で上向きスピンの電子と下向きスピンの電子が逆方向に流れると，電荷は流れないがスピンだけが流れる．これをスピン流という．第 3 章では，このスピン流について説明する．スピン流は電荷を伴わない流れなので，ジュール熱の発生が抑えられスピンの持つ情報とエネルギーだけが流れる．そのためこのような流れ (スピン流) は新しいスピントロニクスの担い手として注目を集めている．現在のエレクトロニクスの最大の敵はジュール熱の発生である．ナノテクノロジーの発展により，エレクトロニクスデバイスがどんどん小さくなっていくが，そこでは，ジュール熱がデバイス操作の大きな障害になっている．我々が毎日使っているパソコンが非常に熱くなるのはそのためである．この問題を解決すると期待されているのがスピン流である．これは第 4 章のテーマである．

スピン流は情報とエネルギーを運ぶが，それを読みだすには電流や電圧に変換するほうが一般的には便利である．第 4 章では，スピン流と電流の相互変換につ

---

[1]電子の磁気モーメント (μ_e) とスピン角運動量 ($\hbar S$) の比を $\mu_e/\hbar S = g\mu_B$ と書くとき，μ_B をボーア磁子，g を g 因子と呼ぶ．g は量子力学により 2 (相対論に基づけば 2.0023) と導かれる．古典力学では，$g=1$ となるので，$g=2$ は電子スピンが量子力学に従う量であることを示している．

いて解説する．また，スピン流は磁性体と相互作用することによりユニークな効果を示す．このことは第5章で述べる．第6章では，スピンのエントロピーが熱エネルギーとして利用されること，またスピン流は熱エネルギーの担い手としての利用も可能であることを議論する．第7章と第8章では，アインシュタインが100年前に考えた磁石の起源を現在の量子力学とナノテクノロジーに基づいて考え直す．それにより，さまざまな新しい物理が浮かび上がる．そして第9章では，最近発見されたトポロジカル絶縁体と呼ばれる新しい物質群とそれらが示すスピン伝導がテーマである．さらに第10章では，超伝導と強磁性の交互作用によるユニークな現象とその量子計算機への応用について触れる．

　本書の一貫した基礎概念は角運動量保存則である．電子のスピンとさまざまな物質のもつ角運動量との保存則がキーになっている．アインシュタインは電子の持つ何らかの角運動量 (彼はスピンを知らなかった) が磁性の起源であり，その角運動量が力学回転と角運動量保存則で結合していると考えた．ところで，物質中にはさまざまな角運動量がある．電子のスピン，力学回転運動，原子核の角運動量，分子の回転運動，流体の渦運動など，いろいろ考えられる．それらすべてが角運動量保存則でつながっている．スピントロニクスとは，物質の持つさまざまな運動量間を保存則に基づいて相互変換を扱う分野である．アインシュタインの発見は，最近の物理的概念とナノテクノロジーの発展により見直され，原子核物理，ナノメカトロニクス，量子情報等々の広い分野を巻き込んで発展している．物理学の広い分野にすそ野を広げているスピントロニクスの研究の現状を紹介するのも本書の目的である [3].

第2章

強磁性体の電気抵抗

磁性 (強磁性) は電子の持つスピン磁気モーメントがマクロに現れる現象である．一方，電流は電子の持つ電荷のマクロな流れである．磁性は外部磁場に反応し，電流は外部電場に反応する．そして，磁気抵抗は磁場による電流の変化を言う．

強磁性金属では，上向きスピンの電子と下向きスピンの電子が違った振る舞いをする．そのため上向きスピンの担う電流と下向きスピンの担う電流とは必ずしも同じではない．したがって電流をスピンの違いで分離できれば，強磁性の特徴を利用して伝導現象をコントロールできる可能性がある．

強磁性金属および合金の伝導現象の研究の歴史は長い．しかし伝導に与かる電子をその各スピン成分に分けて取り出し，磁気抵抗素子を作る試みは決して古いものではない．その最初の成功はおそらく強磁性トンネル接合 (TMR) であろう [4]．そして，1988 年の Fe/Cr 多層膜による巨大磁気抵抗効果 (GMR) の発見により，強磁性金属を用いた磁性と伝導の研究は新しい段階に入ったと言える．それは 1 つには TMR や GMR が応用上重要であることによるが，さらに，薄膜および多層膜作成技術および微細加工技術の進歩が磁性と伝導の関係についての定量的な研究を可能にしたことによる．まさに，技術が科学の研究を引き出したわけである [5, 6]．

磁性を担うスピンと電荷の絡み合いは本質的に量子効果である．この章では，遷移金属の電子状態より磁性多層膜および強磁性トンネル接合での磁気抵抗効果について述べる．

2.1 電子状態

Fe をはじめとする遷移金属強磁性体では，その強磁性は $3d$ 電子による．$3d$ 電子は上向きスピンと下向きスピンで次のような違ったポテンシャルを受けている．

$$\epsilon_{\mathrm{Fe}\pm} = \epsilon_{\mathrm{Fe}}^0 \mp U m_{\mathrm{d}}. \tag{2.1.1}$$

ここで，$\pm$ はそれぞれ上向きスピンおよび下向きスピンを表す．U は電子間のクーロン反発力を示すパラメータ $(U>0)$ であり，m_{d} は遷移金属原子の持つ磁気モーメントに比例し，上向きスピンの電子数 $(\langle n_+ \rangle)$ と下向きスピンの電子数 $(\langle n_- \rangle)$ の差で次のように与えられる．

$$m_{\mathrm{d}} = \frac{1}{2}(\langle n_+ \rangle - \langle n_- \rangle). \tag{2.1.2}$$

ここで (2.1.1) 式の $U m_{\mathrm{d}}$ は交換ポテンシャル (exchange potential) である．そして，(2.1.2) 式の 1/2 はスピン角運動量が $\hbar$ (プランク定数/2π) の単位で 1/2 であることによる．このように強磁性金属では上向きスピンの電子と下向きスピンの電子が違ったポテンシャルを受けており，違った振る舞いをする．(2.1.1) 式の ϵ_{Fe}^0 は主として原子核の正の電荷により $3d$ 電子が受けるポテンシャルである．したがって，原子番号が増して原子核の電荷が増すと原子核からのクーロン引力が強くなり ϵ_{Fe}^0 は減少する．

次に，Fe/Cr 多層膜を考える．Cr の原子番号は 24 で Fe の 26 よりも小さいため $\epsilon_{\mathrm{Cr}}^0 > \epsilon_{\mathrm{Fe}}^0$ である．いま，Fe の磁化を $m_{\mathrm{d}}>0$ とすると，(2.1.1) 式より $\epsilon_{\mathrm{Fe}-} > \epsilon_{\mathrm{Fe}+}$ となっている．また，十分に薄い Cr 膜は非磁性 $(m_{\mathrm{d}}=0)$ と考えてよい．さらに詳しい計算によると $\epsilon_{\mathrm{Fe}-}$ と ϵ_{Cr}^0 の間に次の関係が成り立つ．

$$\epsilon_{\mathrm{Fe}-} = \epsilon_{\mathrm{Fe}}^0 + U m_{\mathrm{d}} \simeq \epsilon_{\mathrm{Cr}}^0. \tag{2.1.3}$$

そのため，下向きスピンの電子はほとんど Fe と Cr の違いを感じない．一方，上向きスピンの電子では $\epsilon_{\mathrm{Fe}+} \neq \epsilon_{\mathrm{Cr}}^0$ であり Fe と Cr の違いを感じる．これが次節で述べる GMR に本質的な働きをする．

さて，遷移金属イオンでは $3d$ 軌道の外側に $4s$ 軌道が存在する．しかし，結晶中では普通は $3d$ 軌道と $4s$ 軌道は強く混ざり合っており，(2.1.1) 式は混ざり

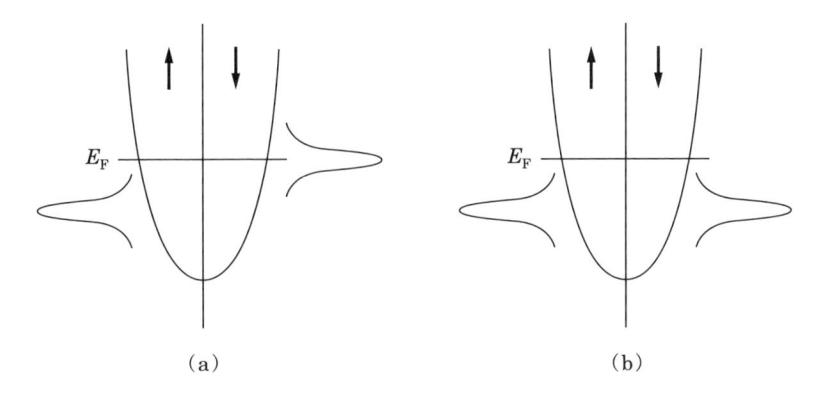

図 **2.1**　Cu 中の Fe および Ni 不純物の 3d 状態をそれぞれ (a) および (b) に示す.

合った軌道にある電子のポテンシャルと考えることができる. しかし, Cu 等の貴金属と接する遷移金属の場合には 3d 軌道と 4s 軌道とを分けて考える必要がある. Cu イオンでは 3d 軌道は電子で満ちており原子の中に局在している. そのため, Cu の伝導を支配しているのは主として 4s 軌道である. いま, Cu 金属中の Fe イオンを不純物として加えた場合を考える. Fe の磁化は $m_d > 0$ とする. 図 2.1 (a) に示すように Fe の 3d 電子は Cu の 4s 電子のバンドの中に局在している. しかし, 4s 電子との混ざり合いのため, 状態はぼやけている. この混ざり合いのことを sd 混成 (sd mixing) と呼び, ぼやけた 3d 状態を仮想束縛状態 (virtual bound state) と呼ぶ. 図 2.1 (a) に見るように Fe の上向きスピンの 3d 状態はフェルミ面 E_F の下に潜っているが, 下向きスピンの 3d 状態はフェルミ面の付近に来ている. そして, フェルミ面の下にある部分に電子が存在しているため, その電子数の差が (2.1.2) 式の磁気モーメントになっている.

　次に Ni イオンを Cu 中に不純物として加えた場合を考える. Ni の原子番号は 28 で周期律表では 29 番の Cu の手前にあり, 26 番の Fe よりも原子番号が大きい. そのため, $\epsilon_{Ni}^0 < \epsilon_{Fe}^0$ となっており図 2.1 (b) に示すように下向きスピンの 3d 状態も上向きスピンの 3d 状態もフェルミ面の下に潜ってしまっている. したがって, Cu 中の Ni 不純物は

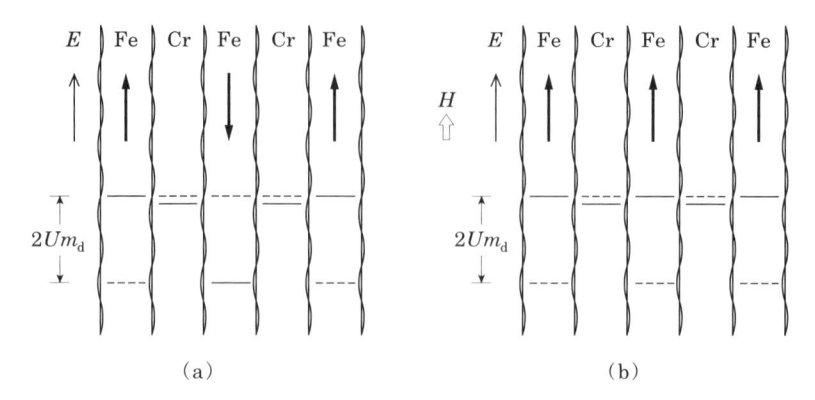

図 **2.2** Fe/Cr 多層膜のエネルギー準位. 実線, 破線はそれぞれ下向きスピンおよび上向きスピンの電子のエネルギー準位を示す. (a) は反強磁性の場合, (b) は磁場 (H) で強磁性にそろった場合.

$$\langle n_+ \rangle = \langle n_- \rangle$$

となって非磁性である. このようなフェルミ面と $3d$ 状態との位置関係が伝導現象に本質的な役割を果たしている.

2.2 巨大磁気抵抗効果 (GMR)

(1) Fe/Cr 多層膜

図 2.2 は Fe/Cr 多層膜の模型である. Fe も Cr も膜厚は数 nm である. この場合, 図 2.2 (a) のように Cr を挟む Fe 薄膜の磁化は互いに反平行になっている. この多層膜に外部磁場を加えると Fe 薄膜の磁化は磁場方向にそろい図 2.2 (b) のようになる. そこで, まずは平行の場合の電子状態を考えよう.

Fe も Cr も $3d$ 軌道と $4s$ 軌道が混ざり合った軌道が (2.1.1) 式で表されるポテンシャルを受けている. そして, (2.1.3) 式で表されるように下向きスピンの電子は Fe と Cr の違いをほとんど感じることなく自由に多層膜内を動き回ることができる. 一方, 上向きスピンの電子のポテンシャルは Fe と Cr で大きな差がある. そのため, Fe と Cr の界面に乱れがあると容易に散乱されてしまい, 伝導

にはあまり寄与しない．したがって，図 2.2 (b) の場合，電流は主として下向きスピンの電子が担うことになる．

次に図 2.2 (a) の場合を考える．この場合 Fe の磁化は反強磁性的に交互に並んでおり，電子のポテンシャルも図のように変化する．したがって，下向きスピンの電子も上向きスピンの電子もともに Fe と Cr の違いを感じるため，界面の乱れでどちらのスピンの電子も散乱され電気抵抗が大きくなる．Fe 薄膜の磁化が反平行に並んでいる場合 (図 2.2 (a)) の電気抵抗を ρ_{AF} とし，磁場を加えて磁化が平行にそろった場合 (図 2.2 (b)) の電気抵抗を ρ_{F} と書くとき，磁気抵抗比は，

$$\mathrm{MR} = (\rho_{\mathrm{AF}} - \rho_{\mathrm{F}})/\rho_{\mathrm{F}} \tag{2.2.1}$$

と表される．Fe/Cr 多層膜の場合，MR は 200％の値が得られている．このように，磁性多層膜の電気抵抗が磁化の相対向きで大きく変化する効果を巨大磁気抵抗効果 (Giant Magneto Resistance, (GMR)) と呼ぶ．図 2.3 は Fe と Cr の界面での局所状態密度のバンド計算結果の一例である [7]．破線はバルクの Fe の状態密度，縦線はフェルミレベルの位置を示している．図で見るように下向きスピンの電子の状態密度は Fe と Cr でほとんど違いがない．

バルクの強磁性金属も弱いながらも磁気抵抗効果を示す．この機構としては電子が磁場のためにローレンツ力を受けて電流の流れの方向が変化することによるものと，スピン軌道相互作用のために電流方向が変化することによるものが考えられる．これを異方的磁気抵抗効果 (Anisotropic Magneto Resistance (AMR)) と呼ぶ．しかし，遷移金属強磁性体の場合，いずれの機構でもたかだか数％の磁気抵抗しか与えず，多層膜の磁気抵抗効果 (GMR) とは本質的に違った効果である．また，多層膜の磁気抵抗効果は薄膜の磁化の相対的な方向に依存しており電流と磁場の方向には依存しない．しかし，電流が膜面に垂直に流れるか平行に流れるかで磁気抵抗の値は大きく違ってくる．

(2) Co/Cu 多層膜

バルクの Co と Cu の電気抵抗を比べてみると，Co の方がはるかに大きい．これは Co では $3d$ 軌道と $4s$ 軌道が混ざり合い伝導電子の有効質量が大きくなっていること，およびその結果として不純物により散乱を受け易いことによる．一

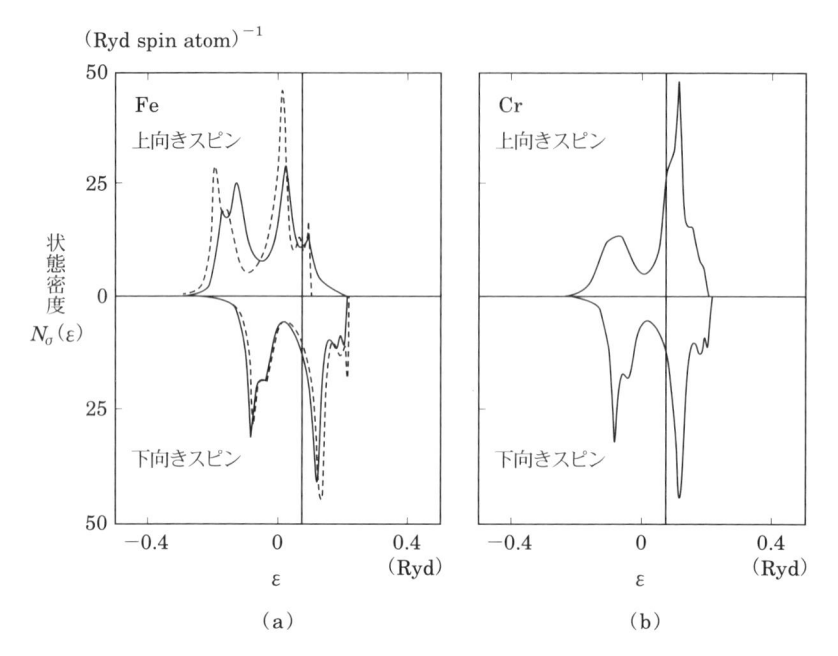

$(Ryd\ spin\ atom)^{-1}$

図 **2.3** Fe (a) と Cr (b) の界面での状態密度 $N_\sigma(\varepsilon)$ の計算結果. σ はスピン，縦線はフェルミレベルの位置を示す．破線はバルクの Fe の状態密度である [7].

方，Cu では $4s$ 軌道の電子が $3d$ 軌道と関係なく伝導を担っている．したがって，Co/Cu 多層膜では主として Cu が伝導を担っていると考えることができる．

まず，前節の議論をもとにして Cu 中の Co 不純物の電子構造を考えよう．Co の磁化を $m_{\mathrm{d}} > 0$ とおく．この場合，図 2.1 のように下向きスピンの状態がフェルミ面の近傍に存在する．電流はフェルミ面上の電子が担うため，この Co 不純物は下向きスピンのフェルミ面を乱すことになり，電流はフェルミ面の乱れていない上向きスピンの電子が主として担うことになる．

図 2.4 は Co/Cu 多層膜の模型である．図中の A, B は Cu 中に入り込んだ Co 不純物を示す．不純物 A は上向きスピンによる磁化を持つ Co 薄膜と接しており，上向きスピンの状態にある．したがって，図 2.1 (a) に示したように，上向きスピンの状態はフェルミ面の下に潜っているが，下向きスピンの状態はフェル

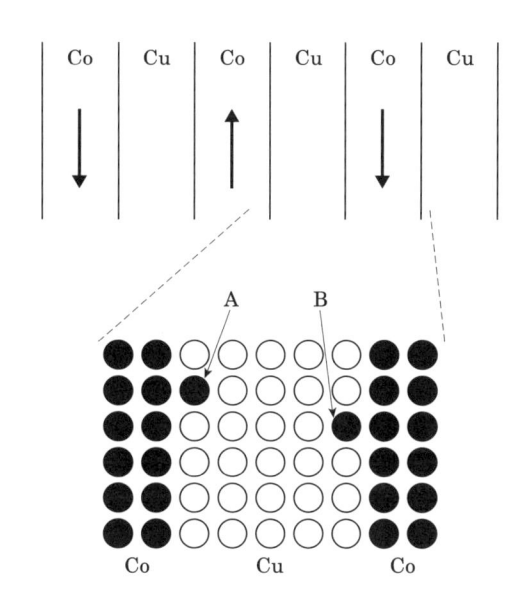

図 **2.4**　Co/Cu 多層膜の模型図. A, B は Cu 中に混じり込んだ Co 不純物を示す.

ミ面にかかっており，フェルミ面を乱している．すなわち，不純物 A は下向きスピンの電子の電気抵抗を大きくする．ここで，Cu 薄膜を挟んだ他方の Co 薄膜の磁化も同じ方向であるとしよう．この場合，この Co 薄膜近傍の Cu 中の不純物も上向きスピン状態にある．したがって，この不純物も Cu 中の下向きスピンの電子の電気抵抗を大きくする．結果として，Cu 中の上向きスピンの電子は不純物の影響を受けずに電流を担える．

　ところが，Cu 薄膜を挟んだ Co 薄膜の磁化がお互いに反平行なら，状況がまったく違う．図 2.4 に示したように，各 Co 薄膜近傍の Cu 中の不純物はそれぞれ上向きおよび下向きスピンの電子のフェルミ面を乱している．したがって，この場合にはどちらのスピンの伝導電子も大きな電気抵抗を持つことになる．結果として，GMR が現れる．

　バルクの Cu 中の Ni 不純物は非磁性であるが，Ni 薄膜に接した Ni 不純物は

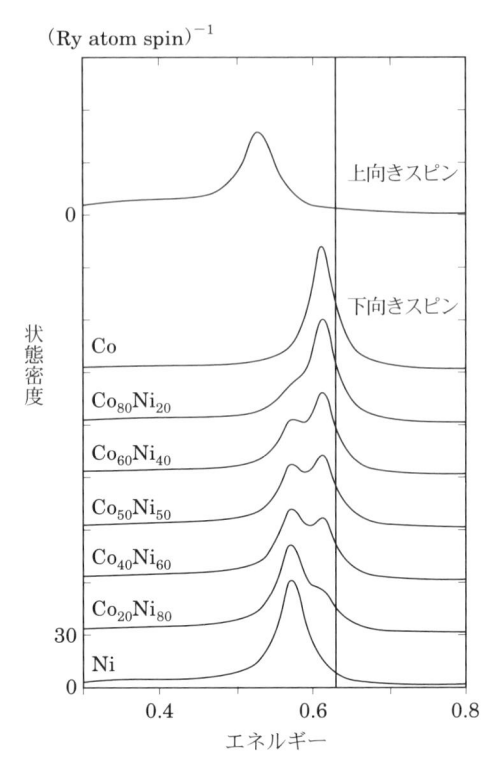

図 **2.5** $Co_{1-x}Ni_x/Cu$ 多層膜において，Cu 中の Co と Ni の平均の状態密度の計算結果 [8]．x は Ni の割合，縦線はフェルミ・エネルギーの位置を示す．

スピン分極を起こし，そのために GMR が現れる．$Co_{1-x}Ni_x/Cu$ 多層膜の場合，Co も Ni も Cu 中の不純物となる．Cu 中の Co と Ni の割合が同じであると仮定して計算された不純物の平均の状態密度を図 2.5 に示す [8]．上向きスピンの状態密度は Ni の割合 (x) によらない．一方，下向きスピンの状態密度は 2 つのピークになっており，高エネルギー側が Co，低エネルギー側が Ni による．

　ここでは遷移金属/Cu 多層膜の GMR は界面での磁性不純物によることを示した．GMR の大きさは不純物の電子状態に依存している．バルクの Cu 中に存在する磁性不純物による電気抵抗の振る舞いは，長年詳しく調べられてきた重

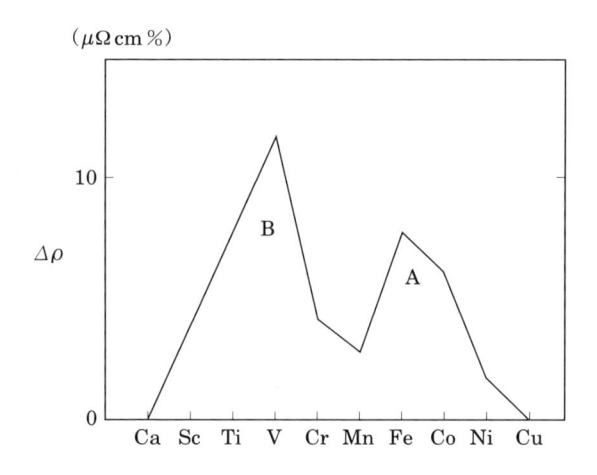

図 **2.6** Cu 中の遷移金属不純物による残留抵抗 $\Delta\rho$ [9].

要な問題である [9]. ここで述べた GMR の機構はそれの磁性多層膜への拡張になっている. 図 2.6 はバルクの Cu 中の遷移金属不純物が与える電気抵抗を示している [9]. 原子番号が増加すると原子ポテンシャルが低くなり $3d$ 軌道の位置が低くなっていく. 同時に, $3d$ 電子間の交換相互作用 (フント結合) のために, 上向きスピンと下向きスピンの間で分裂が起こる. 図 2.6 は Cu 中の遷移金属不純物による残留電気抵抗 ($\Delta\rho$) を示している [9]. $\Delta\rho$ の 2 つのピークはスピン分裂によるものである.

しかし, 磁性不純物の性質をもう少し深く考えるといろいろな問題が浮かび上がってくる. Cu 中の不純物原子ではスピンの方向を上向きあるいは下向きと固定して考えることはできない. スピンの方向は常に量子力学的な意味で揺らいでおり, そのことが電気抵抗にも大きな影響を与える. これを近藤効果という. 一方, 磁性多層膜での界面の不純物は隣の磁性体によりスピンの方向が固定されており, このような量子力学的なスピンのゆらぎの効果は十分無視できると考えられる. そのため, ここで述べてきた平均場的な描像が定量的な結果を与え得ると考えられる.

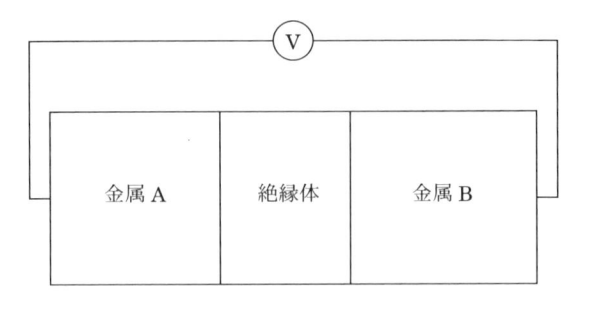

図 **2.7** 金属/絶縁体/金属トンネル接合.

2.3 トンネル磁気抵抗効果 (TMR)

トンネル効果を用いて強磁性体の電子状態を調べる研究は 1970 年代のはじめより活発に行われてきた. 図 2.7 に示すようなトンネル接合を考えよう. 2 つの金属 A, B での電子の各スピン成分 (σ) の状態密度を $D_{A\sigma}(E)$, $D_{B\sigma}(E)$ とする. E は電子のエネルギーである. また, 電子のスピンはトンネルの過程で保存されると仮定する. この場合, トンネル・コンダクタンス (電気抵抗の逆数) は次のように表される [10]:

$$G = R^{-1} = \sum_{\sigma} |T|^2 D_{A\sigma}(E_F) D_{B\sigma}(E_F + eV), \tag{2.3.1}$$

ここで, R は電気抵抗, V は印加電圧, E_F はフェルミ・エネルギーである. また, $|T|^2 \propto \exp(-2s\chi)$, $\chi = (2m\varphi)^{1/2}/\hbar$, m は電子の質量, φ はトンネル障壁の高さ, s はトンネル障壁の幅である. 強磁性金属を電極 A に用い, 超伝導薄膜を電極 B とする. そして B 薄膜に平行に磁場を加えて超伝導体中の準粒子の状態密度をスピン分極させる. 図 2.8 はその様子を示している. この図からわかるように, トンネル・コンダクタンスを測定することにより, 強磁性体中のスピンに依存する電子状態が調べられる [11].

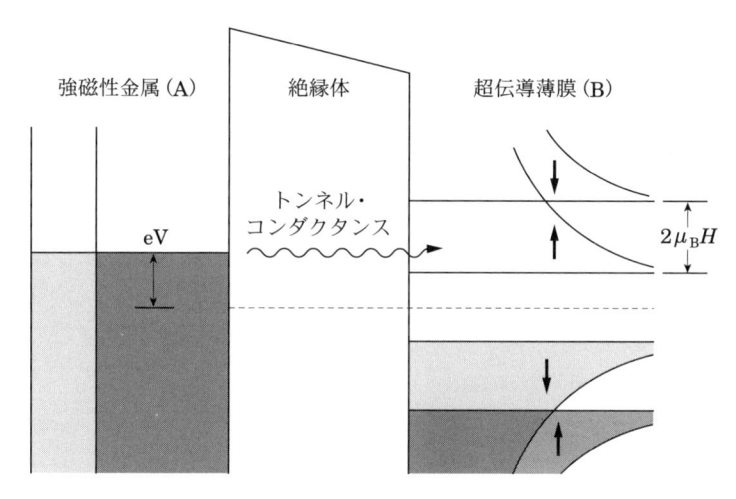

図 **2.8**　強磁性 (A)/絶縁体/超伝導薄膜 (B) トンネル接合に対する状態密度の模型図. 磁場 (H) は超伝導薄膜に平行に加えられている.

　同様のことが A, B 両電極に強磁性金属を用いても行える (図 2.9). これを強磁性トンネル接合と呼ぶ.

　図 2.9 に示すように, 2 つの強磁性体の磁化を平行にした場合と反平行にした場合とでは, 明らかに電子のトンネル確率に違いが現れることが予想される. これをトンネル磁気抵抗効果 (Tunnel Magneto Resistance (TMR)) と呼ぶ. 図 2.10 に Ni/NiO/Co トンネル接合の TMR を示す [10, 11]. Ni と Co の磁化が反平行のときにトンネル抵抗が大きくなる. 図 2.10 では, 電極の磁化が反平行と平行の場合のトンネル抵抗の変化 (ΔR) を反平行の場合の値 (R) で割った量を磁場 (Oe の単位で示す) の関数として示している. $\Delta R/R$ をトンネル抵抗比と呼ぶ.

　強磁性トンネル接合では, トンネル障壁が絶縁体であることから, 普通は 2 つの強磁性体の磁化の相互作用は無視できる. 磁化の相対的方向を変えるには, 最近ではスピントルク法が用いられている. これについては, 第 5 章で述べる. トンネル電流が磁化の相対角に依存することは, 超伝導接合でのジョセフソン効果を思い出させる現象であると言える.

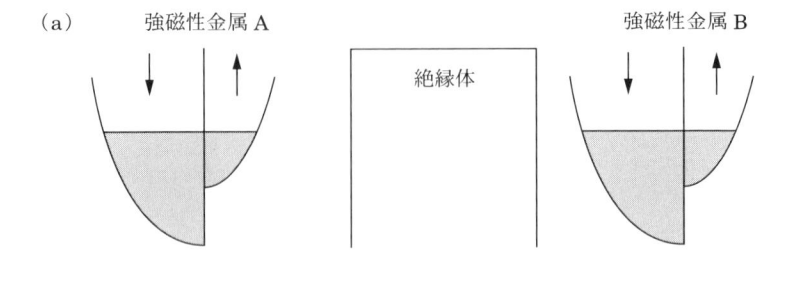

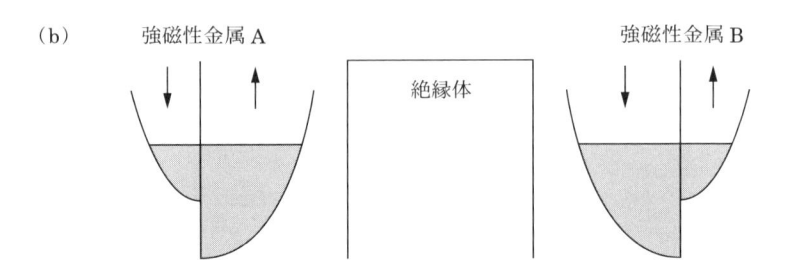

図 **2.9** 強磁性トンネル接合に対する状態密度の模型図. (a) A, B電極の磁化が平行の場合, (b) 反平行の場合.

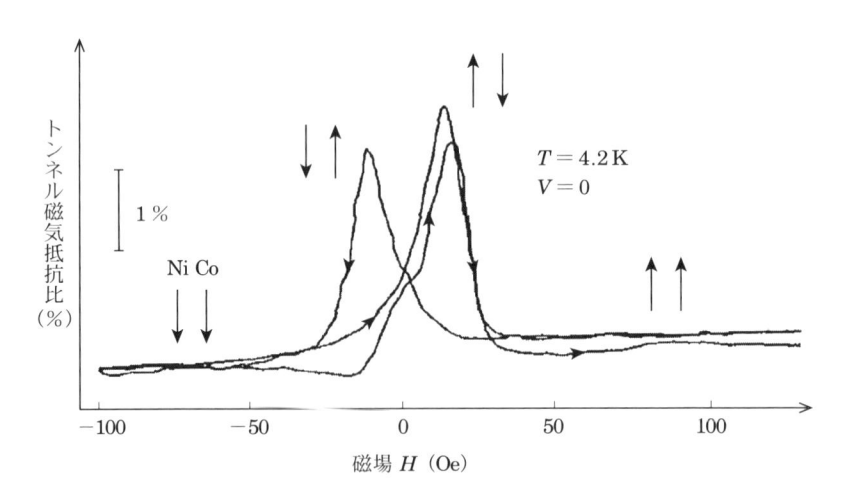

図 **2.10** Ni/NiO/Coトンネル接合の TMR [10, 11].

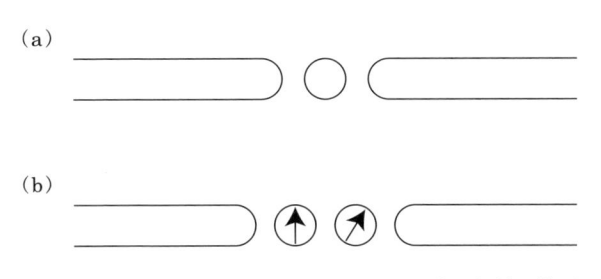

図 2.11　(a) クーロン・ブロッケイドを示す微小細線の模型図.
(b) スピン・ブロッケイドを示す微小細線の模型図.

　TMR は GMR と本質的には同等である．しかし，TMR の発見が GMR より
も先であったにも関わらず，GMR が先に実用化された．これは，強磁性体の間
に均一で十分に薄い絶縁体膜を作成することが技術的に困難であったことによ
る．しかし，最近，MgO を用いたトンネル障壁が作られるようになり [12, 13]，
TMR の研究は大きく発展した．そして，今では，TMR 素子は一般の PC にも
使われる大変身近なものになっている．

　絶縁体の Al_2O_3 中に数 nm 程度の大きさの Co 微粒子を分散させた系では，各
微粒子は単磁区になっており系全体として超常磁性を示す．この系での電気伝導
は電子が絶縁体中をトンネルし，Co 微粒子間を飛び移ることによる．いま 2 つ
の微粒子間の距離を s とすると，トンネル確率は (2.3.1) 式で表される．さらに
このような微粒子系では電子が移動することによる静電エネルギーの変化が無視
できない．すなわち，微粒子の電気容量が小さいため，電子のトンネルにより微
粒子間の電荷のアンバランスが起こる．そのため静電エネルギーが増加し，トン
ネル効果が抑えられる．したがって，電子の移動により生じる静電エネルギーを
E_c とすると，トンネル確率は $\exp(-E_c/k_BT)$ にも比例する．ここで T は温度
である．いま，sE_c が一定であると仮定し，電子は最近接粒子間をトンネルする
とすると，この系のコンダクタンスまたは (2.3.1) 式の $|T|^2$ は，

$$G \propto |T|^2 \propto \exp\left(=C/\sqrt{T}\right) \tag{2.3.2}$$

と表され，特徴的な温度依存性を示す [14]．ここで C は定数である．したがっ
て，(2.3.1) および (2.3.2) 式から興味あるトンネル磁気抵抗効果が得られる．こ

の系は絶縁体をベースにしている．そのため抵抗率が非常に大きい．したがって，磁場による抵抗の変化も非常に大きいのが特徴である [15, 16].

　微小な系での静電エネルギーの変化がトンネル効果に本質的な働きをする例に単一電子トンネル素子がある．この系では電子の伝播経路に微小な領域が作られており，そこには電子が一個づつしか飛び込めない．この効果をクーロン・ブロッケイドと呼ぶ．いま，強磁性体でできた2個の微小領域を電子の伝播経路に導入すると単一電子トンネル素子に磁場の効果がつけ加わる (図2.11)．これをスピン・ブロッケイドと呼ぶ．このように微細加工技術を用いてスピンの効果と静電エネルギーを組み合わせることにより新しい現象が期待される．

第3章

スピン流

　前章で述べた，GMR, TMR はすでに磁気ヘッドや計算機の記憶素子等に利用されている．GMR, TMR ではスピン分極した電流が磁化と相互作用することにより，電流の流れが磁化の影響を受けることによる．GMR, TMR をスピントロニクスの第一世代とよぶ．一方，これから述べるスピン流はスピンの流れであり，電流とは別物である．スピン流は電荷の流れを伴わないので，ジュール熱の発生が抑えられることから，スピン流を使ったスピントロニクスはスピントロニクスの第二世代と言われ，その期待は大きい [3, 17, 18]．

3.1　伝導電子が運ぶスピン流

　Fe や Ni などの強磁性金属では，上向きスピンの電子数 (n_+) と下向きスピンの電子数 (n_-) が違っている．そして，その差，

$$n_{\mathrm{s}} = n_+ - n_-$$

にボーア磁子 (μ_{B}) をかけた量，$\mu_{\mathrm{B}} n_{\mathrm{s}}$，が強磁性金属が持つ磁化の値になっている．いま，上向きスピンの電子の流れを $J_\uparrow$，下向きスピンの電子の流れを $J_\downarrow$ とするとき，2 つの流れの和，

$$J_{\mathrm{c}} = e(J_\uparrow + J_\downarrow) \tag{3.1.1}$$

が電流，その差，

$$J_{\mathrm{s}} = \frac{\hbar}{2}(J_\uparrow - J_\downarrow) \tag{3.1.2}$$

がスピン流である．この定義から明らかなように，J_{s} はスピン角運動量の流れである．

$$J_{\mathrm{m}} = \mu_{\mathrm{B}}(J_\uparrow - J_\downarrow) \tag{3.1.3}$$

と書けば，J_{m} はスピン磁気モーメントの流れになる．ただし e は電子の電荷の量である．以下では，スピン流をスピン角運動量の J_{s} で定義しよう．強磁性金属では一般に $J_\uparrow$ と $J_\downarrow$ とが違うので，電流にはスピン流も伴っている．そしてそのスピン流成分が異常ホール効果やスピントルクなど，強磁性金属のユニークな物性を導く．電流とスピン流は，電荷と角運動量の性質の差異から，大きな違いがある．次にこの点を考えよう．

いま，空間の点 $\boldsymbol{r}$ での電荷密度を $\rho(\boldsymbol{r})$，その点での電流密度を $J_{\mathrm{c}}(\boldsymbol{r})$ とすると，電荷保存則は次のように表される．

$$\frac{d}{dt}\rho(\boldsymbol{r}) + \mathrm{div}\,J_{\mathrm{c}}(\boldsymbol{r}) = 0. \tag{3.1.4}$$

(3.1.4) 式は電流の定義式でもある．同様に，スピン角運動量が保存量であるとすると，スピン角運動量の保存則が次のように表される．

$$\frac{d}{dt}S(\boldsymbol{r}) + \mathrm{div}\,J_{\mathrm{s}}(\boldsymbol{r}) = 0. \tag{3.1.5}$$

ここで，$S(\boldsymbol{r})$ は空間の点 $\boldsymbol{r}$ でのスピン角運動量であり，$\boldsymbol{r}$ 点での磁化とは

$$m(\boldsymbol{r}) = 2\mu_{\mathrm{B}}S(\boldsymbol{r})$$

の関係にある．スピン角運動量は保存量でない．そのため，(3.1.5) 式には次のような緩和項が加わる．

$$\frac{d}{dt}S(\boldsymbol{r}) + \mathrm{div}\,J_{\mathrm{s}}(\boldsymbol{r}) = \frac{S(\boldsymbol{r}) - S_0(\boldsymbol{r})}{\tau}, \tag{3.1.6}$$

ここで，$S_0(\boldsymbol{r})$ は平衡状態でのスピン分極の値，τ はスピン緩和時間である．τ はスピン軌道相互作用や電子間の非弾性散乱などによる．このように，スピン角

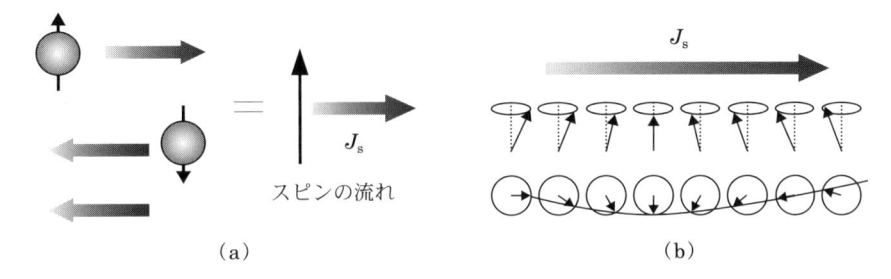

図 **3.1** スピン流の模型図．(a) 伝導電子が運ぶスピン流．上向きスピンの電子と下向きスピンの電子は逆向きに流れる．(b) スピン波スピン流．磁化の歳差運動が伝播することにより，スピン流が生じる．

運動量が保存量でないことから，電流とスピン流には本質的な違いがある．さらに，強磁性体では磁化 $m(\boldsymbol{r})$ 固有の運動，スピン波，が存在し，スピン角運動量の流れを作る．これをスピン波スピン流と呼ぶ．次にスピン波スピン流を定義しよう (図 3.1).

3.2 スピン波が運ぶスピン流

強磁性体の低エネルギー励起はスピン流である．そのエネルギー量子はマグノンと呼ばれる．まず，スピン波を求めよう．

強磁性体の i 番目の格子点でのスピンを S_i とし，各格子点のスピンがお互いに強磁性的に交換相互作用している系のハミルトニアンを次のように書く，

$$H = -J \sum_{(i,j)} S_i \cdot S_j - D \sum_i S_i^{z2} - 2\mu_{\rm B} H_0 \sum_i S_i^z, \tag{3.2.1}$$

ここで，J は交換相互作用を示す定数 $(J > 0)$，D は z 軸を磁化の方向とする磁気異方性定数，H_0 は外部磁場の値で，ここでは z 方向に加えている．このハミルトニアンの基底状態はすべてのスピンが z 方向にそろった状態であり，その低励起状態はそろったスピンが波打つ状態である．これがスピン波である．

各スピンの大きさを S とし系全体で N 個のスピンがあるとすると，

$$S^2 = (\sum_j S_j)^2$$

および，その z 成分を

$$S_z = \sum_j S_j^z$$

と置くとき，この系の基底状態 $|0\rangle$ は，

$$S^2|0\rangle = NS(NS+1)|0\rangle, \quad S_z|0\rangle = NS|0\rangle \tag{3.2.2}$$

と表される．また，

$$S_j \cdot S_j = S(S+1)$$

である．次に，スピン波の導出で最もよく使われる Holstein-Primakoff 変換を導入しよう [9]．ボソンの生成消滅演算子，$a_j^\dagger$, a_j を次のようにスピン演算子と関係付ける．

$$S_j^+ = (2S)^{1/2} a_j, \quad S_j^- = (2S)^{1/2} a_j^\dagger. \tag{3.2.3}$$

ここで，a_j と $a_j^\dagger$ は次の交換関係を満足する．

$$[a_j, a_l^\dagger] = \delta_{jl}, \tag{3.2.4}$$

δ_{jl} はクロネッカーのデルタである．この関係式は S_j^+, S_l^- の交換関係を満足している．また，上記のボソンの関係式より，次の式も得られる．

$$S_j^z = S - a_j^\dagger a_j. \tag{3.2.5}$$

次にマグノンの演算子，b_k, $b_k^\dagger$ を次のように定義しよう．

$$b_k = N^{-1/2} \sum_j a_j \exp(i\boldsymbol{k}\cdot\boldsymbol{r}_j), \quad b_k^\dagger = N^{-1/2} \sum_j a_j^\dagger \exp(-i\boldsymbol{k}\cdot\boldsymbol{r}_j), \tag{3.2.6}$$

$$a_j = N^{-1/2} \sum_k b_k \exp(-i\boldsymbol{k}\cdot\boldsymbol{r}_j), \quad a_j^\dagger = N^{-1/2} \sum_k b_k^\dagger \exp(i\boldsymbol{k}\cdot\boldsymbol{r}_j). \tag{3.2.7}$$

ここで，$\boldsymbol{r}_j$ は j 格子点の位置を示す．演算子 b_k もボソンの交換関係を満たすこ

とは明らかであろう．次にハミルトニアン (3.2.1) 式をボソンの演算子 a_j, $a_j^\dagger$ で書き換え，フーリエ変換を行うことにより，マグノン演算子 b_k, $b_k^\dagger$ の 2 次形式で表される項は次のように求まる．

$$H_0 = \sum_k [2zJS(1-\gamma_k)+2DS+2\mu_\mathrm{B}H_0]b_k^\dagger b_k. \tag{3.2.8}$$

ここで，$\gamma_k = z^{-1}\sum_{\boldsymbol{\delta}}\exp(i\boldsymbol{k}\cdot\boldsymbol{\delta})$, ただし，$\boldsymbol{\delta}$ は最近接格子点のベクトル，z は最近接格子点の数である．$|\boldsymbol{k}\cdot\boldsymbol{\delta}| \ll 1$ とすると，

$$z(1-\gamma_k) \sim 1/2\sum_{\boldsymbol{\delta}}(\boldsymbol{k}\cdot\boldsymbol{\delta})^2,$$

となるので，(3.2.8) 式は次のように計算される，

$$H_0 = \sum_k \hbar\omega_k b_k^\dagger b_k, \tag{3.2.9}$$

$$\hbar\omega_k = 2DS+2\mu_\mathrm{B}H_0+2JSa^2k^2. \tag{3.2.10}$$

ここで，$\hbar\omega_k$ は波数 k を持つマグノンのエネルギーである．

マグノンが運ぶスピン流は，

$$J_\mathrm{s} = \sum_k v_k n(k) = \sum_{k>0} v_k(n(k)-n(-k)), \tag{3.2.11}$$

と書かれる．ここで，$n(k)$ は波数 k を持つスピン波の数，$n(k)=b_k^\dagger b_k$ を示す．また，$v_k = \partial\hbar\omega_k/\partial k$ である．熱平衡状態ではマグノンはボーズ分布をしており，

$$n(k) = n(-k)$$

であり，スピン流はゼロである．そのため，スピン流が有限になるためには，

$$n(k) \neq n(-k)$$

となる必要があり，何らかの非平衡状態が必要である．言い換えれば，スピン流は非平衡物理量である．

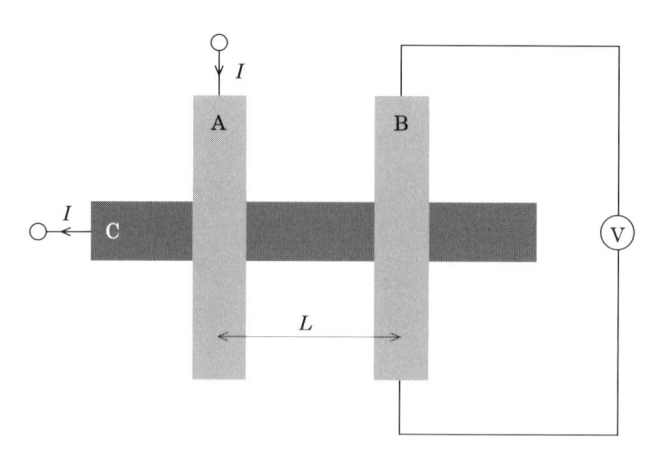

図 **3.2**　非局所スピン素子の図. 2 つの強磁性金属 (A), (B) を非磁性金属 (C) で橋渡しした素子. A から C の左側に電流 I を流すと C の右側にスピン流が拡散し, B に吸収される.

3.3　スピン蓄積

　図 3.2 に示す素子を考える. この素子では 2 つの強磁性金属の細線 (A) と (B) が数百 nm 離して置かれ, その間を橋渡しするように非磁性金属 (Cu, Au 等) の細線 (C) が置かれている. そして, B の一端と C の左の端に電圧を加えて電流を流す. この場合, C の右には電流は流れないが, 強磁性金属からの電流はスピン分極していることから, スピンが右側に染み出し拡散する. 図 3.3 は A と B の中間の C の電子状態を示している. C は非磁性金属であるが, A からのスピンの拡散のために, フェルミ面での電子状態にはスピン分極が起こる. ただし, 電気的な分極はないので, 上向きスピンの電子と下向きスピンの電子のフェルミ面のずれは対称である. 上向きスピンと下向きスピンのフェルミ面のずれを $\delta\mu_{\mathrm{s}}$, フェルミ面での状態密度を $N(E_{\mathrm{F}})$ と書くとスピンの拡散のために C の A の近傍でのスピン分極の大きさは,

$$\delta S = \delta\mu_{\mathrm{s}} N(E_{\mathrm{F}}) \tag{3.3.1}$$

となる. ここで $\delta\mu_{\mathrm{s}}$ をスピン蓄積と呼ぶ.

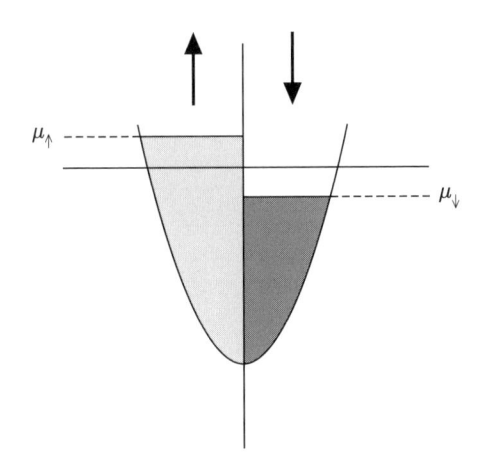

図 3.3 スピン蓄積による常磁性金属の電子状態. $\delta\mu_s = \mu_\uparrow - \mu_\downarrow$ はスピン蓄積.

非磁性金属 (C) を流れるスピン σ の電子による電流 J_σ は, 電場 E によるドリフト電流 J'_σ と電子の濃度勾配による拡散電流 J_σ^D との和で表される,

$$J_\sigma = J'_\sigma + J_\sigma^D = \sigma_\sigma E + e D_\sigma \boldsymbol{\nabla} \delta n_\sigma, \tag{3.3.2}$$

ここで, σ_σ は拡散係数 D_σ と次の関係がある (アインシュタインの関係式),

$$\sigma_\sigma = e^2 N_\sigma(E_\mathrm{F}) D_\sigma. \tag{3.3.3}$$

ただし, e は電子の電荷, $N_\sigma(E_\mathrm{F})$ はスピン σ の電子のフェルミ面での状態密度である. 電位 Φ と電場 E の関係, $E = -\boldsymbol{\nabla}\Phi$ を用いて, スピン σ の電子に働く電気化学ポテンシャルは,

$$\mu_\sigma = -e\Phi + \delta n_\sigma / N_\sigma(E_\mathrm{F}), \tag{3.3.4}$$

と表され,

$$J_\sigma = \sigma_\sigma / e \boldsymbol{\nabla} \mu_\sigma \tag{3.3.5}$$

の関係を用いると, スピン流は

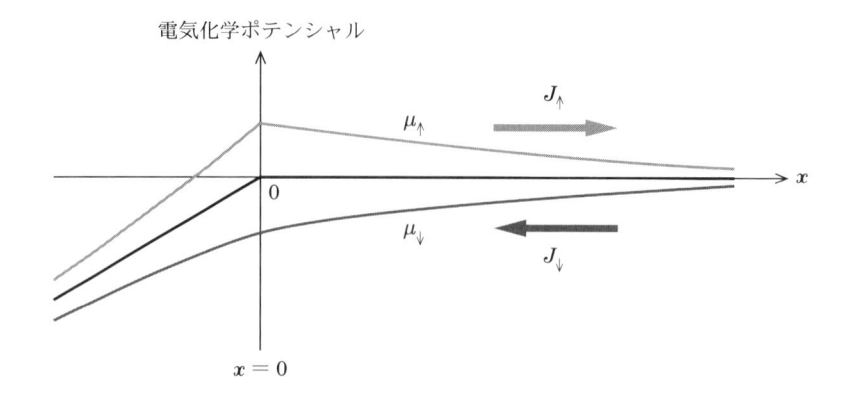

図 **3.4**　図 3.2 の非磁性金属 (C) でのスピン蓄積の距離依存性.

$$J_\mathrm{s} = -\hbar\sigma/e^2 \boldsymbol{\nabla}\delta\mu_\mathrm{s} \tag{3.3.6}$$

となる.ここで,非磁性金属の電気伝導度はスピンに依存しないとした ($\sigma = \sigma_\uparrow = \sigma_\downarrow$).(3.3.6) 式に見るように,スピン蓄積の空間変化があるとスピン流が流れる.言い換えるとスピン蓄積はスピン流の生成機構である.図 3.4 では,非磁性金属 (C) でのスピン蓄積によるスピン流の拡散を示している.なお,C のなかで,A から離れるに従ってスピン蓄積が減少しているのは,スピン軌道相互作用等でスピンが散乱され,スピン緩和が起こりスピン拡散長が有限になっていることによる.スピン拡散長は Cu や Au では室温で数百 μm の程度である.そのために,A と B の距離を数百 μm 程度にして初めてスピン流が観測できる.言い換えれば,ナノデバイスではスピン流は基本的な物理量である.

3.4　スピンポンプ

　強磁性体に金属を接触させると (図 3.5),強磁性体の磁化の運動は金属に侵入する.

　強磁性体内のスピン間には (3.2.1) 式で示す交換相互作用が働いている.同様に強磁性体と金属の界面にも強磁性体のスピン (S_i) と金属のスピン (s_i) の間に交換相互作用が働く.

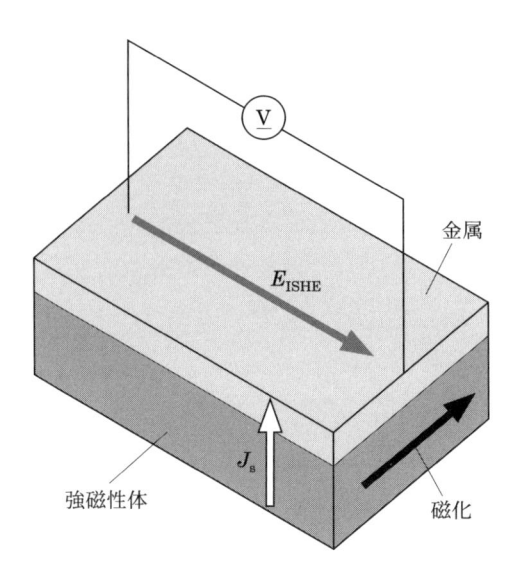

図 **3.5** 強磁性体と金属の接合. E_{ISHE} は逆スピンホール効果 (第 4 章).

$$H = J_{\mathrm{ex}} \sum_i S_i \cdot s_i, \tag{3.4.1}$$

ここで，J_{ex} は界面での交換相互作用定数，i は界面での格子点であり和は界面での和を示す．さて，強磁性体のスピン分極 $\langle S_i \rangle$ は，(3.4.1) 式の交換相互作用により金属中にもスピン分極 $\langle s_i \rangle$ を誘起する．いま，金属のスピン帯磁率を χ と書くとき，$\langle s_i \rangle$ は次のように表される．

$$\langle s_i \rangle = J_{\mathrm{ex}} \chi \langle S_i \rangle. \tag{3.4.2}$$

この金属中に誘起されたスピン分極は近接効果 (proximity effect) と呼ばれ，この効果は金属中に広がっている．

　次に，強磁性体の磁化の歳差運動がマイクロ波で誘起された場合を考えよう．(3.4.2) 式の $\langle S_i \rangle$ が時間に依存するので ($\langle S_i(t) \rangle$)，$\langle s_i \rangle$ も時間に依存する．

$$\langle s_i(t) \rangle = J_{\mathrm{ex}} \chi(t) \langle S_i(t) \rangle. \tag{3.4.3}$$

ここで，$\chi(t)$ は金属の動的帯磁率である．このように，強磁性体の磁化の運動は界面での交換相互作用を通じて金属中にスピン流として伝播されていく．この効果をスピンポンプ (spin pumping) と呼ぶ．スピンポンプで非磁性金属中に注入されたスピン流は，さまざまな磁気的効果を引き出す．図 3.2 の素子の強磁性体 (A) にマイクロ波を用いて磁化の歳差運動を誘起させると，スピン流が金属 (C) の中に誘起され，強磁性体 (B) にさまざまな磁気的効果をもたらす．

第4章

スピン流・電流相互変換

　金属や半導体の伝導電子は結晶中の不純物や欠陥で散乱される．そこにスピン軌道相互作用が存在すると，伝導電子はスピンにより非対称な散乱を受ける．強磁性金属では，上向きスピンの電子と下向きスピンの電子の数が違っている．そのため，伝導電子がスピン軌道相互作用をもつ不純物で散乱されると，上向きスピンの流れと下向きスピンの流れはお互いに逆方向に散乱を受け，電流と磁化(磁場)の双方に垂直な方向にスピンおよび電荷の流れが生じる．電荷の垂直方向の流れを異常ホール電流，この効果を異常ホール効果 (Anomalous Hall effect, AHE) と呼ぶ．

　常磁性金属では，上向きスピンと下向きスピンの電子の数は同じである．そのため，スピン軌道相互作用で散乱された電子の上向きスピンと下向きスピンの数は同じで方向が逆になる．結果として，電流に垂直方向にスピンのみが流れることになる．この流れを純スピン流，この効果をスピンホール効果 (spin Hall effect, SHE) と呼ぶ．ここでスピン流のスピン分極は元の電流とスピン流の双方に垂直である．逆に，スピン流が常磁性金属中を流れていると，スピン軌道相互作用で，上向きスピンと下向きスピンの電子はともに同じ方向に散乱されることになり，スピン流とそのスピン分極に垂直の方向に電流が生成される．これを逆スピンホール効果 (Inverse spin Hall effect, ISHE) と呼ぶ．スピンホール効果と逆スピンホール効果はスピン流と電流が相互に変換する効果である．電流は電荷のためにジュール熱を発生させる．一方，スピン流は電荷を持たないため，エネルギーの損失が少ない．そのため，電流の役割をスピン流に担わせることがで

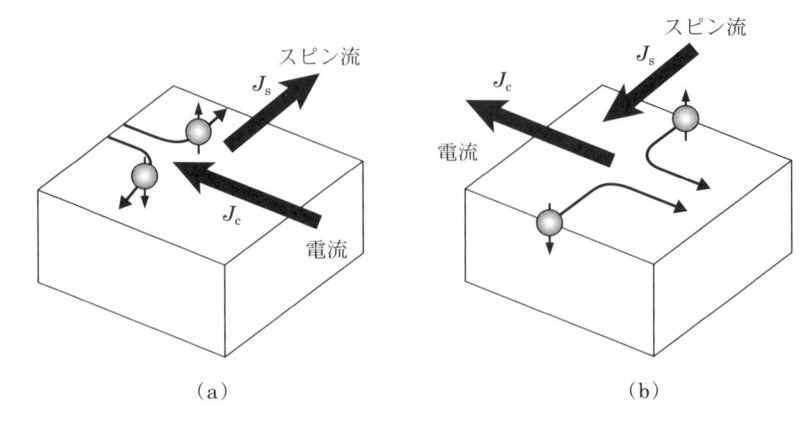

図 **4.1** スピン流と電流の相互変換. (a) スピンホール効果,
(b) 逆スピンホール効果.

きれば,エレクトロニクスの発熱の問題を解決できることになる.

スピン流は磁気双極子の流れであり,磁極の流れでないことから,電流に対応するような電磁相互作用は期待できないが,スピン流を必要に応じて電流に変換できればスピン流と電流のそれぞれの良いところを利用できる.これを可能にするのが,スピンホール効果と逆スピンホール効果である.なお,この章では,不純物散乱による,いわゆる外因性 (extrinsic) の SHE と ISHE について議論する.一方で物質固有のスピン軌道相互作用に基づく,いわゆる内因性 (intrinsic) の SHE および ISHE がある.内因性の効果については第 9 章で述べる.

4.1 スピンホール効果,逆スピンホール効果

まず始めに,金属中の非磁性不純物に伴うスピン軌道相互作用を導こう.不純物ポテンシャルを $u(\boldsymbol{r})$ とし,これによる電場を

$$\boldsymbol{E} = -(1/e)\boldsymbol{\nabla} u(\boldsymbol{r})$$

とおく.速度

$$\hat{\boldsymbol{p}}/m = (\hbar/i)\boldsymbol{\nabla}/m$$

を持つ電子はこのポテンシャルにより次の有効磁場を感じる.

$$\boldsymbol{B}_{\mathrm{eff}} = -(1/mc)\hat{\boldsymbol{p}} \times \boldsymbol{E}.$$

電子スピンはこの有効磁場で次のように "ゼーマン効果" を受ける.

$$u_{\mathrm{so}}(\boldsymbol{r}) = \mu_{\mathrm{B}}\hat{\boldsymbol{\sigma}} \cdot \boldsymbol{B}_{\mathrm{eff}} = \eta_{\mathrm{so}}\hat{\boldsymbol{\sigma}} \cdot [\boldsymbol{\nabla} u(\boldsymbol{r}) \times \boldsymbol{\nabla}/i], \tag{4.1.1}$$

ここで,η_{so} はスピン軌道相互作用のパラメータである. 上で得られた

$$\eta_{\mathrm{so}} = (\hbar/2mc)^2$$

は実験を説明するには小さすぎる. ここでは述べないが,実際の金属中のブロッホ電子では η_{so} は何桁も増強されている. そのため,以下では η_{so} は実験で決めるパラメータと考えよう.

さて,金属中の不純物のポテンシャル $U(\boldsymbol{r})$ は電荷による部分 ($u(\boldsymbol{r})$) とその勾配 ($u_{\mathrm{so}}(\boldsymbol{r})$)(スピン軌道相互作用) の和として,次のようになる.

$$U(\boldsymbol{r}) = u(\boldsymbol{r}) + u_{\mathrm{so}}(\boldsymbol{r}).$$

次に,常磁性金属の一電子のハミルトニアンを次のようにおく.

$$H = \sum_{\boldsymbol{k},\sigma} \xi_{\boldsymbol{k}} a_{\boldsymbol{k}\sigma}^{\dagger} a_{\boldsymbol{k}\sigma} + \sum_{\boldsymbol{k},\boldsymbol{k}'} \sum_{\sigma,\sigma'} \langle \boldsymbol{k}'\sigma'|U|\boldsymbol{k}\sigma\rangle a_{\boldsymbol{k}'\sigma'}^{\dagger} a_{\boldsymbol{k}\sigma}. \tag{4.1.2}$$

ここで,$a_{\boldsymbol{k}\sigma}^{\dagger}(a_{\boldsymbol{k}\sigma})$ は波数 $\boldsymbol{k}$,スピン σ を持つ電子の生成 (消滅) 演算子である. 式の第 1 項は電子の運動エネルギー,$\xi_{\boldsymbol{k}} = (\hbar k)^2/2m - \varepsilon_{\mathrm{F}}$,$\varepsilon_{\mathrm{F}}$ はフェルミエネルギーである. 第 2 項は不純物による電子の散乱を示しており,散乱振幅は次のように書ける.

$$\langle \boldsymbol{k}'\sigma'|U|\boldsymbol{k}\sigma\rangle = u_{\boldsymbol{k}'\boldsymbol{k}}\delta_{\sigma'\sigma} + i\eta_{\mathrm{so}}u_{\boldsymbol{k}'\boldsymbol{k}}[\hat{\boldsymbol{\sigma}}_{\sigma'\sigma} \cdot (\boldsymbol{k}' \times \boldsymbol{k})], \tag{4.1.3}$$

ここで $u_{\boldsymbol{k}'\boldsymbol{k}} = \langle \boldsymbol{k}'|u|\boldsymbol{k}\rangle$ であり 第 1 項と第 2 項はそれぞれポテンシャル散乱とスピン軌道相互作用による散乱を示している. 不純物ポテンシャルは短距離的であるとし,

$$u(\boldsymbol{r}) \approx u_{\text{imp}} \sum_i \delta(\boldsymbol{r} - \boldsymbol{r}_i),$$

$$u_{\boldsymbol{k}'\boldsymbol{k}} \approx (u_{\text{imp}}/V) \sum_i e^{i(\boldsymbol{k}-\boldsymbol{k}')\cdot\boldsymbol{r}_i}$$

と置く．ただし，V は系の体積，u_{imp} は不純物ポテンシャルである．スピン軌道相互作用のある場合にスピン σ の電子の速度,

$$\boldsymbol{v}_{\boldsymbol{k}}^{\sigma} = \langle \boldsymbol{k}^+\sigma|\hat{\boldsymbol{v}}|\boldsymbol{k}^+\sigma\rangle$$

は次のように計算される．

$$\hat{\boldsymbol{v}} = d\boldsymbol{r}/dt = (i\hbar)^{-1}[r, H] = \hat{\boldsymbol{p}}/m + (\eta_{\text{so}}/\hbar)[\hat{\boldsymbol{\sigma}} \times \boldsymbol{\nabla} u(\boldsymbol{r})] \tag{4.1.4}$$

ここで，散乱波はボルン近似で,

$$|\boldsymbol{k}^+\sigma\rangle = |\boldsymbol{k}\sigma\rangle + \sum_{\boldsymbol{k}'} u_{\boldsymbol{k}'\boldsymbol{k}}(\xi_{\boldsymbol{k}} - \xi_{\boldsymbol{k}'} + i\delta)^{-1}|\boldsymbol{k}'\sigma\rangle$$

と書かれることから，次の式を得る．

$$\boldsymbol{v}_{\boldsymbol{k}}^{\sigma} = \boldsymbol{v}_{\boldsymbol{k}} + \boldsymbol{\omega}_{\boldsymbol{k}}^{\sigma}, \quad \boldsymbol{\omega}_{\boldsymbol{k}}^{\sigma} = \theta_{\text{SH}}^{\text{SJ}}(\hat{\boldsymbol{\sigma}}_{\sigma\sigma} \times \boldsymbol{v}_{\boldsymbol{k}}), \tag{4.1.5}$$

$\boldsymbol{v}_{\boldsymbol{k}} = \hbar\boldsymbol{k}/m$ であり，$\boldsymbol{\omega}_{\boldsymbol{k}}^{\sigma}$ は異常速度と呼ばれる．$\hat{\boldsymbol{\sigma}}_{\sigma\sigma}$ はスピン σ の対角成分を意味する．異常速度によるホール効果をサイドジャンプと呼び，$\theta_{\text{SH}}^{\text{SJ}}$ はサイドジャンプによるスピンホール角である．

$$\theta_{\text{SH}}^{\text{SJ}} = \frac{\hbar\bar{\eta}_{\text{so}}}{2\varepsilon_{\text{F}}\tau_{\text{tr}}^0} = \frac{\bar{\eta}_{\text{so}}}{k_{\text{F}}l}, \tag{4.1.6}$$

ここで,

$$\tau_{\text{tr}}^0 = [(2\pi/\hbar)n_{\text{imp}}N(0)u_{\text{imp}}^2]^{-1}$$

は不純物による散乱時間，n_{imp} は不純物の濃度，$\bar{\eta}_{\text{so}} = k_{\text{F}}^2\eta_{\text{so}}$，$k_{\text{F}}$ はフェルミ波数，l は電子の平均自由距離である．

　スピン σ の電子の流れの演算子を

$$\hat{\boldsymbol{J}}_{\sigma} = e\sum_{\boldsymbol{k}}(\boldsymbol{v}_{\boldsymbol{k}} + \boldsymbol{\omega}_{\boldsymbol{k}}^{\sigma})a_{\boldsymbol{k}\sigma}^{\dagger}a_{\boldsymbol{k}\sigma}$$

と置くとき，電流 $\boldsymbol{J}_c = \boldsymbol{J}_\uparrow + \boldsymbol{J}_\downarrow$ およびスピン流 $\boldsymbol{J}_s = \boldsymbol{J}_\uparrow - \boldsymbol{J}_\downarrow$ は次のように表される．

$$\boldsymbol{J}_c = \boldsymbol{J}_c' + \theta_{\mathrm{SH}}^{\mathrm{SJ}}(\boldsymbol{e}_s \times \boldsymbol{J}_s'), \quad \boldsymbol{J}_s = \boldsymbol{J}_s' + \theta_{\mathrm{SH}}^{\mathrm{SJ}}(\boldsymbol{e}_s \times \boldsymbol{J}_c'), \tag{4.1.7}$$

ただし，スピン流と電流に現れる，$e, \hbar$ は簡単のために省略した．

$$\boldsymbol{e}_s = \hat{\boldsymbol{\sigma}}_{\uparrow\uparrow} = -\hat{\boldsymbol{\sigma}}_{\downarrow\downarrow} = (0,0,1)$$

はスピン分極の方向であり，電子の分布関数，$f_{\boldsymbol{k}\sigma} = \langle a_{\boldsymbol{k}\sigma}^\dagger a_{\boldsymbol{k}\sigma} \rangle$ を用いて次のように書き換えられる．

$$\boldsymbol{J}_c' = e\sum_{\boldsymbol{k}} \boldsymbol{v}_{\boldsymbol{k}}(f_{\boldsymbol{k}\uparrow} + f_{\boldsymbol{k}\downarrow}), \quad \boldsymbol{J}_s' = e\sum_{\boldsymbol{k}} \boldsymbol{v}_{\boldsymbol{k}}(f_{\boldsymbol{k}\uparrow} - f_{\boldsymbol{k}\downarrow}). \tag{4.1.8}$$

これらはサイドジャンプによる寄与である．サイドジャンプに加えて，スキュー散乱による寄与が存在する．これは，スピン軌道相互作用による分布関数，$f_{\boldsymbol{k}\sigma}$ の変化によるものである．次にスキュー散乱の効果を求めよう．

定常状態におけるボルツマン方程式から，分布関数 $f_{\boldsymbol{k}\sigma}$ は次のように計算される．

$$\boldsymbol{v}_{\boldsymbol{k}} \cdot \boldsymbol{\nabla} f_{\boldsymbol{k}\sigma} + \frac{e\boldsymbol{E}}{\hbar} \cdot \boldsymbol{\nabla}_{\boldsymbol{k}} f_{\boldsymbol{k}\sigma} = \left(\frac{\partial f_{\boldsymbol{k}\sigma}}{\partial t}\right)_{\mathrm{scatt}}, \tag{4.1.9}$$

ここで $\boldsymbol{E}$ は外部電場である．また，不純物による散乱項は次のように書かれる．

$$\left(\frac{\partial f_{\boldsymbol{k}\sigma}}{\partial t}\right)_{\mathrm{scatt}} = \sum_{\boldsymbol{k}'\sigma'} \left[P_{\boldsymbol{k}\boldsymbol{k}'}^{\sigma\sigma'} f_{\boldsymbol{k}'\sigma'} - P_{\boldsymbol{k}'\boldsymbol{k}}^{\sigma'\sigma} f_{\boldsymbol{k}\sigma} \right]. \tag{4.1.10}$$

右辺の第 1 項および第 2 項は散乱 $(\boldsymbol{k}'\sigma' \to \boldsymbol{k}\sigma)$ および $(\boldsymbol{k}\sigma \to \boldsymbol{k}'\sigma')$ によるものであり，状態 $|\boldsymbol{k}\sigma\rangle$ から状態 $|\boldsymbol{k}'\sigma'\rangle$ への散乱を散乱マトリックス $\hat{T}$ を用いて次のように書く．

$$P_{\boldsymbol{k}'\boldsymbol{k}}^{\sigma'\sigma} = (2\pi/\hbar)n_{\mathrm{imp}}|\langle \boldsymbol{k}'\sigma'|\hat{T}|\boldsymbol{k}\sigma\rangle|^2 \delta(\xi_{\boldsymbol{k}} - \xi_{\boldsymbol{k}'}). \tag{4.1.11}$$

$\hat{T}$ の行列要素は 2 次のボルン近似を用いて求められるので，

$$\langle \boldsymbol{k}'\sigma'|\hat{T}|\boldsymbol{k}\sigma\rangle = \left[u_{\boldsymbol{k}'\boldsymbol{k}} + \sum_{\boldsymbol{k}''} \frac{u_{\boldsymbol{k}'\boldsymbol{k}''}u_{\boldsymbol{k}''\boldsymbol{k}}}{\xi_{\boldsymbol{k}} - \xi_{\boldsymbol{k}''} + i\delta} \right] \delta_{\sigma'\sigma} + i\eta_{\mathrm{so}} u_{\boldsymbol{k}'\boldsymbol{k}}(\boldsymbol{k}' \times \boldsymbol{k}) \cdot \hat{\boldsymbol{\sigma}}_{\sigma'\sigma}. \tag{4.1.12}$$

不純物平均をとることにより，散乱確率の対称部分 (非スキュー散乱) $P_{\boldsymbol{k'k}}^{\sigma'\sigma\,(1)}$，および非対称部分 (スキュー散乱) $P_{\boldsymbol{k'k}}^{\sigma'\sigma\,(2)}$ はそれぞれ次のように求まる．

$$P_{\boldsymbol{k'k}}^{\sigma'\sigma\,(1)} = \frac{2\pi}{\hbar}\frac{n_{\mathrm{imp}}}{V}u_{\mathrm{imp}}^2\left(\delta_{\sigma\sigma'}+\eta_{\mathrm{so}}^2|(\boldsymbol{k'}\times\boldsymbol{k})\cdot\hat{\boldsymbol{\sigma}}_{\sigma\sigma'}|^2\right)\delta(\xi_{\boldsymbol{k'}}-\xi_{\boldsymbol{k}}), \tag{4.1.13}$$

$$P_{\boldsymbol{k'k}}^{\sigma'\sigma\,(2)} = -\frac{(2\pi)^2}{\hbar}\eta_{\mathrm{so}}\frac{n_{\mathrm{imp}}}{V}u_{\mathrm{imp}}^3 N(0)\delta_{\sigma\sigma'}\left[(\boldsymbol{k'}\times\boldsymbol{k})\cdot\hat{\boldsymbol{\sigma}}_{\sigma\sigma'}\right]\delta(\xi_{\boldsymbol{k'}}-\xi_{\boldsymbol{k}}). \tag{4.1.14}$$

スキュー散乱は非対称ポテンシャル $u_{\mathrm{so}}(\boldsymbol{r})$ の 1 次と対称ポテンシャル $u(\boldsymbol{r})$ の 2 次の効果であることに注意しよう．

ボルツマン方程式の解を次のように表す．

$$f_{\boldsymbol{k}\sigma} = f_{\boldsymbol{k}\sigma}^0 + g_{\boldsymbol{k}\sigma}^{(1)} + g_{\boldsymbol{k}\sigma}^{(2)}, \tag{4.1.15}$$

ここで，$f_{\boldsymbol{k}\sigma}^0$ は等方的である (方向性を持たない) とする．また，$g_{\boldsymbol{k}\sigma}^{(1)}, g_{\boldsymbol{k}\sigma}^{(2)}$ はそれぞれ対称および非対称成分であり，$\Omega_{\boldsymbol{k}}$ で角度平均をとると消える．

$$\int g_{\boldsymbol{k}\sigma}^{(i)}d\Omega_{\boldsymbol{k}} = 0.$$

まずは，サイドジャンプによるスピン伝導を求めよう．ボルツマン方程式は次のように書かれる．

$$\boldsymbol{v}_{\boldsymbol{k}}\cdot\boldsymbol{\nabla}f_{\boldsymbol{k}\sigma}+\frac{e\boldsymbol{E}}{\hbar}\cdot\boldsymbol{\nabla}_{\boldsymbol{k}}f_{\boldsymbol{k}\sigma} = -\frac{g_{\boldsymbol{k}\sigma}^{(1)}}{\tau_{\mathrm{tr}}}-\frac{f_{\boldsymbol{k}\sigma}^0-f_{\boldsymbol{k}-\sigma}^0}{\tau_{\mathrm{sf}}(\theta)}, \tag{4.1.16}$$

ここで，

$$\tau_{\mathrm{tr}}^{-1} = \sum_{\boldsymbol{k'}\sigma'}P_{\boldsymbol{k}\boldsymbol{k'}}^{\sigma\sigma'\,(1)} = (1/\tau_{\mathrm{tr}}^0)(1+2\bar{\eta}_{\mathrm{so}}^2/3)$$

は伝導に寄与する緩和時間，

$$\tau_{\mathrm{sf}}^{-1}(\theta) = \sum_{\boldsymbol{k'}}P_{\boldsymbol{k}\boldsymbol{k'}}^{\uparrow\downarrow\,(1)} = (\bar{\eta}_{\mathrm{so}}^2/3\tau_{\mathrm{tr}}^0)(1+\cos^2\theta)$$

はスピンフリップ時間，θ は $\boldsymbol{k}$ と z 軸の角度である．(4.1.16) 式の右辺の第 1 項は不純物による運動量の緩和を，また第 2 項はスピンの緩和を示している．$\tau_{\mathrm{tr}}\ll\tau_{\mathrm{sf}}$ であることから，スピン緩和は運動量緩和に比べて十分に遅いと考えられる．

分布関数 $f^0_{\boldsymbol{k}\sigma}$ は化学ポテンシャル $\varepsilon^\sigma_\mathrm{F}$ の平衡状態の値 ε_F からの変化によるスピン蓄積を記述する．$f^0_{\boldsymbol{k}\sigma}$ を次のように展開しよう．

$$f^0_{\boldsymbol{k}\sigma} \approx f_0(\xi_{\boldsymbol{k}}) + \left(-\frac{\delta f_0}{\delta \xi_{\boldsymbol{k}}}\right)(\varepsilon^\sigma_\mathrm{F} - \varepsilon_\mathrm{F}), \tag{4.1.17}$$

ここで，$f_0(\xi_{\boldsymbol{k}})$ はフェルミ分布関数である．(4.1.16) 式の $f_{\boldsymbol{k}\sigma}$ を $f^0_{\boldsymbol{k}\sigma}$ と置き，$\tau_\mathrm{tr}/\tau_\mathrm{sf}$ に比例する項を無視すると，次の式が得られる．

$$g^{(1)}_{\boldsymbol{k}\sigma} \approx -\tau_\mathrm{tr}\left(-\frac{\delta f_0}{\delta \xi_{\boldsymbol{k}}}\right)\boldsymbol{v}_{\boldsymbol{k}}\cdot\boldsymbol{\nabla}\mu^\sigma_\mathrm{N}, \tag{4.1.18}$$

ここで，$\mu^\sigma_\mathrm{N} = \varepsilon^\sigma_\mathrm{F} + e\phi$ は電気化学ポテンシャルであり，ϕ は電位ポテンシャル（$\boldsymbol{E} = -\boldsymbol{\nabla}\phi$）である．

(4.1.17) および (4.1.18) 式を (4.1.16) 式に代入し $\boldsymbol{k}$ で和をとることにより，次のスピン拡散方程式が得られる．

$$\boldsymbol{\nabla}^2\delta\mu_\mathrm{N} = \frac{1}{\lambda^2_\mathrm{N}}\delta\mu_\mathrm{N}, \tag{4.1.19}$$

ここで，$\delta\mu_\mathrm{N} = (\mu^\uparrow_\mathrm{N} - \mu^\downarrow_\mathrm{N})$ は化学ポテンシャルのスピンによる分裂を示し，スピン蓄積に対応する．また，$\lambda_\mathrm{N} = \sqrt{D\tau_S}$ はスピン拡散長，$D = (1/3)\tau_\mathrm{tr}v^2_\mathrm{F}$ は拡散係数，v_F はフェルミ速度，$\tau_S = \tau_\mathrm{sf}/2$ はスピン緩和時間，τ_sf はスピンフリップ時間であり，$\tau^{-1}_\mathrm{sf} = \langle\tau^{-1}_\mathrm{sf}(\theta)\rangle_\mathrm{av}$ と与えられる．ここで $\langle\cdots\rangle_\mathrm{av}$ は空間平均を意味する．なお，スピンフリップ時間はスピン軌道相互作用と次のような関係がある．

$$\tau_\mathrm{tr}/\tau_\mathrm{sf} \approx (4/9)\bar{\eta}^2_\mathrm{so}. \tag{4.1.20}$$

スキュー散乱による分布関数の非対称成分 $g^{(2)}_{\boldsymbol{k}\sigma}$ は，ボルツマン方程式の非対称部分

$$\sum_{\boldsymbol{k}'\sigma'}[-P^{\sigma'\sigma(1)}_{\boldsymbol{k}'\boldsymbol{k}}g^{(2)}_{\boldsymbol{k}\sigma} + P^{\sigma'\sigma(2)}_{\boldsymbol{k}'\boldsymbol{k}}g^{(1)}_{\boldsymbol{k}'\sigma'}] = 0$$

と (4.1.13), (4.1.14), および (4.1.18) 式より次のように求められる．

$$g^{(2)}_{\boldsymbol{k}\sigma} = \theta^\mathrm{SS}_\mathrm{SH}\tau_\mathrm{tr}\left(-\frac{\delta f_0}{\delta \xi_{\boldsymbol{k}}}\right)(\boldsymbol{e}_\mathrm{s}\times\boldsymbol{v}_{\boldsymbol{k}})\cdot\boldsymbol{\nabla}\mu^\sigma_\mathrm{N}(\boldsymbol{r}), \tag{4.1.21}$$

ここで，$\theta_{\mathrm{SH}}^{\mathrm{SS}}$ はスキュー散乱によるスピンホール角である．

$$\theta_{\mathrm{SH}}^{\mathrm{SS}} = -(2\pi/3)\bar{\eta}_{\mathrm{so}}N(0)u_{\mathrm{imp}}. \qquad (4.1.22)$$

したがって，分布関数 $f_{\boldsymbol{k}\sigma}$ は次のようになる．

$$\begin{aligned}
f_{\boldsymbol{k}\sigma} \approx{} & f_0(\xi_{\boldsymbol{k}}) + \left(-\frac{\delta f_0}{\delta \xi_{\boldsymbol{k}}}\right)(\varepsilon_{\mathrm{F}}^{\sigma} - \varepsilon_{\mathrm{F}}) \\
& - \tau_{\mathrm{tr}}\left(-\frac{\delta f_0}{\delta \xi_{\boldsymbol{k}}}\right)[\boldsymbol{v}_{\boldsymbol{k}} + \theta_{\mathrm{SH}}^{\mathrm{SS}}(\boldsymbol{e}_{\mathrm{s}} \times \boldsymbol{v}_{\boldsymbol{k}})] \cdot \boldsymbol{\nabla}\mu_{\mathrm{N}}^{\sigma}(\boldsymbol{r}). \qquad (4.1.23)
\end{aligned}$$

この節では，スピン蓄積の方向を z 軸に平行に取っているが，一般の座標系では，スピン蓄積を次のようにベクトルの形で，

$$\delta\boldsymbol{\mu}_{\mathrm{N}} = \delta\mu_{\mathrm{N}}\boldsymbol{e}_{\mathrm{s}}$$

と表すと便利である．

4.2　電流とスピン流の関係

(4.1.8) 式の分布関数 $f_{\boldsymbol{k}\sigma}$ を使うと，スキュー散乱による寄与は，

$$\boldsymbol{J}_{\mathrm{c}}' = \boldsymbol{j}_{\mathrm{c}} + \theta_{\mathrm{SH}}^{\mathrm{SS}}(\boldsymbol{e}_{\mathrm{s}} \times \boldsymbol{j}_{\mathrm{s}})$$

および

$$\boldsymbol{J}_{\mathrm{s}}' = \boldsymbol{j}_{\mathrm{s}} + \theta_{\mathrm{SH}}^{\mathrm{SS}}(\boldsymbol{e}_{\mathrm{s}} \times \boldsymbol{j}_{\mathrm{c}})$$

と表される．ここで，$\boldsymbol{j}_{\mathrm{c}}$ はオーミック電流，$\boldsymbol{j}_{\mathrm{s}}$ は拡散スピン流であり，電気伝導度を，$\sigma_{\mathrm{N}} = 2e^2 N(0)D$ と置くと次のように書ける．

$$\begin{aligned}
\boldsymbol{j}_{\mathrm{c}} &= \sigma_{\mathrm{N}}\boldsymbol{E}, \\
\boldsymbol{j}_{\mathrm{s}} &= -(\sigma_{\mathrm{N}}/2e)\boldsymbol{\nabla}\delta\mu_{\mathrm{N}}.
\end{aligned} \qquad (4.2.1)$$

そして，$\theta_{\mathrm{SH}}^{\mathrm{SS}}$ に比例する項は，逆スピンホール効果，スピンホール効果へのスキュー散乱の効果を示している．したがって，サイドジャンプとスキュー散乱の寄与を合わせて，電流とスピン流は次のようになる．

$$\boldsymbol{J}_{\mathrm{c}}=\boldsymbol{j}_{\mathrm{c}}+\theta_{\mathrm{SH}}(\boldsymbol{e}_{\mathrm{s}}\times\boldsymbol{j}_{\mathrm{s}}), \tag{4.2.2}$$

$$\boldsymbol{J}_{\mathrm{s}}=\boldsymbol{j}_{\mathrm{s}}+\theta_{\mathrm{SH}}(\boldsymbol{e}_{\mathrm{s}}\times\boldsymbol{j}_{\mathrm{c}}). \tag{4.2.3}$$

ここで，$\theta_{\mathrm{SH}}=\theta_{\mathrm{SH}}^{\mathrm{SJ}}+\theta_{\mathrm{SH}}^{\mathrm{SS}}$．(4.2.2), (4.2.3) 式は，それぞれ，スピン流は垂直方向に電流，

$$\boldsymbol{j}_{\mathrm{c}}^{\mathrm{SH}}=\theta_{\mathrm{SH}}(\boldsymbol{e}_{\mathrm{s}}\times\boldsymbol{j}_{\mathrm{s}})$$

を，また，電流は垂直方向にスピン流，

$$\boldsymbol{j}_{\mathrm{s}}^{\mathrm{SH}}=\theta_{\mathrm{SH}}(\boldsymbol{e}_{\mathrm{s}}\times\boldsymbol{j}_{\mathrm{c}})$$

を誘起することを示している．

電流はベクトル量，スピン流はテンソル量である．スピン流の流れの方向を i，スピン分極の方向を k $(i,k=x,y,z)$ とするとき，電流，スピン流は次のように表される．

$$J_{ci}=j_{ci}+\theta_{\mathrm{SH}}\sum_{k}(\boldsymbol{e}_{k}\times\boldsymbol{j}_{\mathrm{s}}^{k})_{i}=j_{ci}-\theta_{\mathrm{SH}}\sum_{jk}\varepsilon_{ijk}j_{sj}^{k}, \tag{4.2.4}$$

$$J_{si}^{k}=j_{si}^{k}+\theta_{\mathrm{SH}}(\boldsymbol{e}_{k}\times\boldsymbol{j})_{i}=j_{si}^{k}+\theta_{\mathrm{SH}}\sum_{l}\varepsilon_{ikl}j_{cl}. \tag{4.2.5}$$

ここで，j_{ci}, j_{si}^{k} はそれぞれオーミック電流，拡散スピン流である．

$$j_{ci}=\sigma_{\mathrm{N}}E_{i}, \quad j_{si}^{k}=-\frac{\sigma_{\mathrm{N}}}{2e}\boldsymbol{\nabla}_{i}\delta\mu_{\mathrm{N}}^{k}. \tag{4.2.6}$$

上式において，$\boldsymbol{e}_{k}$ は k 方向の単位ベクトル，ε_{ikl} は単位反対称テンソル，$\delta\mu_{\mathrm{N}}^{k}$ は k 方向の $\delta\boldsymbol{\mu}_{\mathrm{N}}$ 成分である．なお，ここでは，電流およびスピン流の単位 $(e, \hbar)$ を省略したが，それぞれにこれらの単位を付けることにより，従来の定義となることに注意しよう．

図 4.2 に幅 w_{N}，厚さ d_{N} の薄膜におけるスピンホール効果 (SHE) と逆スピンホール効果 (ISHE) を示している．SHE では，x 方向に電流 $\boldsymbol{j}_{\mathrm{c}}$ を加えると z 方向に分極したスピン流 $\boldsymbol{j}_{\mathrm{s}}^{\mathrm{SH}}$ が作られる．同時に界面にスピンが蓄積し，境界条件，

$$\boldsymbol{J}_{\mathrm{s}}(y=\pm w_{\mathrm{N}}/2)=0$$

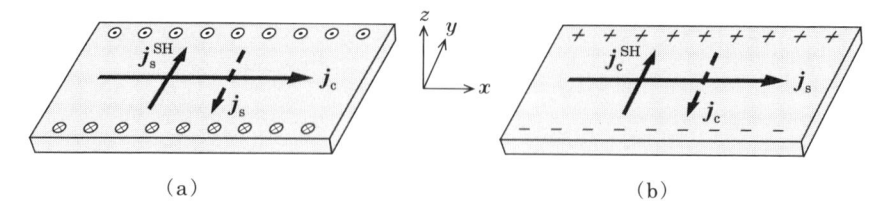

（a）　　　　　　　　　　　　　　　　（b）

図 **4.2**　(a) スピンホール効果 (SHE). x 方向の電流 $\boldsymbol{j}_{\mathrm{c}}$ は z 方向に分極したスピン流 $\boldsymbol{j}_{\mathrm{s}}^{\mathrm{SH}}$ を y 方向に作り，界面にスピン蓄積 $(\odot, \otimes)$ を，そして界面からスピン拡散長の長さの範囲にスピン流を誘起する．(b) 逆スピンホール効果 (ISHE). z 方向に分極したスピン流 $\boldsymbol{j}_{\mathrm{s}}$ は y 方向に電流 $\boldsymbol{j}_{\mathrm{c}}^{\mathrm{SH}}$ を作り，界面に電荷の蓄積 $(+, -)$ とそれによる電流 $\boldsymbol{j}_{\mathrm{c}}$ を誘起する．

を満たすようにスピン流 $\boldsymbol{j}_{\mathrm{s}}$ が逆向きに流れる．このとき，界面に現れる z 方向に分極したスピン蓄積は次のようになる．

$$\delta\boldsymbol{\mu}_{\mathrm{N}}(y) = 2e\theta_{\mathrm{SH}}\rho_{\mathrm{N}}\lambda_{\mathrm{N}}j_{\mathrm{c}}\frac{\sinh(y/\lambda_{\mathrm{N}})}{\cosh(w_{\mathrm{N}}/2\lambda_{\mathrm{N}})}\boldsymbol{e}_z. \tag{4.2.7}$$

これは θ_{SH} の 1 次の範囲での式であり，スピン蓄積が界面からスピン拡散長 (λ_{N}) の領域で起こっていることを示している．

　さらに，$\boldsymbol{j}_{\mathrm{c}}$ は z 方向 (厚さ方向) にもスピン流 $\boldsymbol{j}_{\mathrm{s}}^{\mathrm{SH}}$ を誘起し，薄膜の上面と下面に y 方向に分極したスピン蓄積が現れる．スピン流は両面で消える．

$$\boldsymbol{j}_s(x = \pm d_{\mathrm{N}}/2) = 0$$

ことから，y 方向に分極したスピン蓄積は z 方向で反対称な次の値をとる．

$$\delta\boldsymbol{\mu}_{\mathrm{N}}(z) = 2e\theta_{\mathrm{SH}}\rho_{\mathrm{N}}\lambda_{\mathrm{N}}j_{\mathrm{c}}\frac{\sinh(z/\lambda_{\mathrm{N}})}{\cosh(d_{\mathrm{N}}/2\lambda_{\mathrm{N}})}\boldsymbol{e}_y. \tag{4.2.8}$$

Pt などでは，λ_{N} と d_{N} が近い値をとる薄膜が使われることから，z 方向でのスピン蓄積も重要な意味を持つ．

　図 4.2 (b) に示した ISHE の場合，z 方向に分極し x 方向に流れるスピン流 $\boldsymbol{j}_{\mathrm{s}}$ は y 方向の電流 $\boldsymbol{j}_{\mathrm{c}}^{\mathrm{SH}}$ を作り，試料の両端に電荷を蓄積し，電場を y 方向に誘起する．この電場は界面で $\boldsymbol{J}_{\mathrm{c}} = 0$ となるように電流 $\boldsymbol{j}_{\mathrm{c}}$ を作る．これがホール電圧

となる．

スピンホール伝導度はサイドジャンプ (SJ) とスキュー散乱 (SS) の寄与を合わせて，

$$\sigma_{\mathrm{SH}} = \sigma_{\mathrm{SH}}^{\mathrm{SJ}} + \sigma_{\mathrm{SH}}^{\mathrm{SS}}$$

と書く．SJ による寄与は，

$$\sigma_{\mathrm{SH}}^{\mathrm{SJ}} = \theta_{\mathrm{SH}}^{\mathrm{SJ}} \sigma_{\mathrm{N}} = (e^2/\hbar)\eta_{\mathrm{so}} n_e, \tag{4.2.9}$$

ここで n_e は伝導電子の密度である．$\sigma_{\mathrm{SH}}^{\mathrm{SJ}}$ は不純物濃度に依存しないことに注意しよう．一方，SS による寄与は，

$$\sigma_{\mathrm{SH}}^{\mathrm{SS}} = \theta_{\mathrm{SH}}^{\mathrm{SS}} \sigma_{\mathrm{N}} = -(2\pi/3)\bar{\eta}_{\mathrm{so}}[N(0)u_{\mathrm{imp}}]\sigma_{\mathrm{N}} \tag{4.2.10}$$

と与えられ，不純物ポテンシャル u_{imp} の強さ，符号，および分布に依存する．不純物濃度が小さい場合などでは，SS の寄与が大きいと考えられるが，不純物ポテンシャルの符号がランダムに分布している場合などでは，$(\langle u_{\mathrm{imp}} \rangle \approx 0)$，SJ が重要になる．SJ と SS の寄与は，スピンホール抵抗率 $(\rho_{\mathrm{SH}} \approx \sigma_{\mathrm{SH}}/\sigma_{\mathrm{N}}^2)$ と電気抵抗 (ρ_{N}) を用いて次のように表される．

$$\rho_{\mathrm{SH}} = a_{\mathrm{SS}}\rho_{\mathrm{N}} + b_{\mathrm{SJ}}\rho_{\mathrm{N}}^2, \tag{4.2.11}$$

ここで，

$$a_{\mathrm{SS}} = -(2\pi/3)\bar{\eta}_{\mathrm{so}}N(0)u_{\mathrm{imp}} \quad \text{および} \quad b_{\mathrm{SJ}} = (2/3\pi)\bar{\eta}_{\mathrm{so}}(e^2/h)k_{\mathrm{F}}$$

である．

4.3 非局所スピンホール効果

非局所スピンホール素子は純スピン流を常磁性金属中に作る手法である．図 4.3 に非局所スピンホール素子を示す．ここで，強磁性金属 (F) の磁化は膜面に垂直方向 (z 方向) である．電流 (I) を F から常磁性金属中 (N) の左に流し，距離 (L) の所でホール電圧 (V_{SH}) を測定する．このとき，純スピン流は N の右方

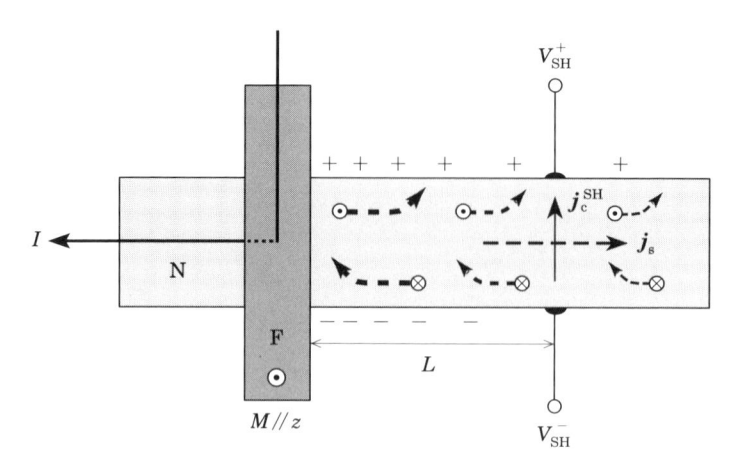

図 **4.3**　非局所スピンホール素子．F は強磁性金属，N は常磁性金属．F の磁化は z 方向 (面に垂直)．電流 (I) を F から N の左側に流すとき，N の右側には純スピン流 (j_{s}) が流れる．$j_{\mathrm{c}}^{\mathrm{SH}}$ は j_{s} により誘起された電流．

向 (x 方向) に拡散していくので (4.2.2) 式は次のように表される．

$$J_{\mathrm{c}} = \sigma_{\mathrm{N}} E + \theta_{\mathrm{SH}} (e_z \times j_{\mathrm{s}}). \tag{4.3.1}$$

ここで，右辺第 2 項はスピン流により誘起されたホール電流である．y 方向には電流が流れない (開放端) とすると，y 方向の電流を消すようにホール電圧，

$$E_y = -\theta_{\mathrm{SH}} \rho_{\mathrm{N}} j_{\mathrm{s}}$$

が生成される．N の幅，w_{N} を考慮して，ホール電圧は次のようになる．

$$V_{\mathrm{SH}} = \theta_{\mathrm{SH}} w_{\mathrm{N}} \rho_{\mathrm{N}} j_{\mathrm{s}}. \tag{4.3.2}$$

金属 N の $x = L$ でのスピン流は次のように与えられる．

$$j_{\mathrm{s}} \approx \frac{1}{2} P_{\mathrm{eff}} (I/A_{\mathrm{N}}) e^{-L/\lambda_{\mathrm{N}}}, \tag{4.3.3}$$

ここで，P_{eff} は強磁性体 (F) から常磁性金属 (N) に注入された電子の有効的なスピン分極率であり，F と N がトンネル接合になっている場合は，P_{eff} は TMR で

得られるスピン分極率になる．また F と N が金属接触をしている場合には，次のように表される．

$$P_{\mathrm{eff}} = [p_{\mathrm{F}}/(1-p_{\mathrm{F}}^2)](R_{\mathrm{F}}/R_{\mathrm{N}}). \tag{4.3.4}$$

ただし，p_{F} は強磁性体 (F) のスピン分極率，R_{F} と R_{N} はそれぞれ F と N の電気抵抗である．したがって，非局所スピンホール抵抗，

$$R_{\mathrm{SH}} = V_{\mathrm{SH}}/I$$

は次のように求まる．

$$R_{\mathrm{SH}} = \frac{1}{2} P_{\mathrm{eff}} \theta_{\mathrm{SH}} \frac{\rho_{\mathrm{N}}}{d_{\mathrm{N}}} e^{-L/\lambda_{\mathrm{N}}}. \tag{4.3.5}$$

いま，典型的な非局所スピンホール素子のパラメータとして，

$$P_{\mathrm{eff}} \sim 0.3,$$

$$d_{\mathrm{N}} \sim 10\,\mathrm{nm},$$

$$\rho_{\mathrm{N}} \sim 5\,\mu\Omega\,\mathrm{cm},$$

$$\theta_{\mathrm{SH}} \sim 0.1\text{--}0.0001,$$

$$\bar{\eta}_{\mathrm{so}} = 0.5\text{--}0.005,$$

$$k_{\mathrm{F}} l \sim 100,$$

$$u_{\mathrm{imp}} N(0) \sim 0.1\text{--}0.01,$$

$$L = \lambda_{\mathrm{N}}/2$$

ととると，R_{SH} は 0.05–5 mΩ となる．

4.4　強磁性体のスピンホール効果

　強磁性金属の異常ホール効果は古くから研究されてきた重要なテーマである．ここでは，異常ホール効果を常磁性金属のスピンホール効果との対応で眺めてみる．強磁性金属では，図 2.3 で見たように，上向きスピンの電子と下向きスピン

の電子の状態は交換相互作用により分裂している．そこで，それぞれのスピンの電子のボルツマン方程式から，x 方向に加えられた電場 (E_x) により誘起される y 方向の電流 (j_{cy}) が得られ，異常ホール伝導度，

$$\sigma_{\mathrm{AH}} = j_{cy}/E_x$$

が求まる．

スキュー散乱による異常ホール伝導度は次の式で与えられる．

$$\sigma_{\mathrm{AH}}^{\mathrm{SS}} = -(2\pi/3)\left[\left(\frac{n_\uparrow - n_\downarrow}{n_\uparrow + n_\downarrow}\right) + \left(\frac{\sigma_\uparrow - \sigma_\downarrow}{\sigma_\uparrow + \sigma_\downarrow}\right)\right]\bar{\eta}_{\mathrm{so}}u_{\mathrm{imp}}N_{\mathrm{eff}}(0)\sigma_{xx}, \qquad (4.4.1)$$

ここで，

$$N_{\mathrm{eff}}(0) = (m/4\pi^2\hbar^2)(k_{\mathrm{F}}^{\uparrow 3} + k_{\mathrm{F}}^{\downarrow 3})/\bar{k}_{\mathrm{F}}^2$$

はフェルミ面での有効状態密度，$\bar{k}_{\mathrm{F}} = (k_{\mathrm{F}}^\uparrow + k_{\mathrm{F}}^\downarrow)/2$ である．一方，サイドジャンプによる寄与は次のようになる．

$$\sigma_{\mathrm{AH}}^{\mathrm{SJ}} = \frac{e^2}{\hbar}\eta_{\mathrm{so}}n_e\left(\frac{n_\uparrow - n_\downarrow}{n_\uparrow + n_\downarrow}\right), \qquad (4.4.2)$$

ここで，$n_e = n_\uparrow + n_\downarrow$．強磁性体の磁化 (M_z) は，

$$M_z = \mu_{\mathrm{B}}(n_\uparrow - n_\downarrow)$$

と与えられるので，サイドジャンプによる異常ホール伝導度は磁化に比例する；

$$\sigma_{\mathrm{AH}}^{\mathrm{SJ}} \propto M_z.$$

一方，スキュー散乱による異常ホール伝導度は磁化だけでなく，電気伝導度のスピンによる違いにも依存するため，その磁化依存性は複雑である．

第5章

スピンの動力学

　強磁性体の特徴の一つは，磁化がさまざまな内部構造 (磁区) を取る点にある．磁区とその運動は磁場や電流でコントロールが可能である．そして，磁区の変化が電子計算機の記憶素子として利用されている．本章では，磁区の動力学について述べる．

5.1　磁壁とその構造

　強磁性体で，磁区と磁区の境界における転移層を磁壁と呼ぶ．磁性体のエネルギー (W) を連続体モデルを用いて，次のように表す．

$$W = A(\boldsymbol{\nabla}\boldsymbol{m})^2 + K\sin^2\theta. \tag{5.1.1}$$

ここで，A は交換相互作用エネルギー，$\boldsymbol{m} = \boldsymbol{M}/M_\mathrm{s}$，$K$ は z 軸を磁化の容易軸とする磁気異方性エネルギーである．図 5.1 は座標軸を示している．簡単のために 1 次元系を考え，$y < 0$ では磁化は上向き，$y > 0$ では磁化は下向きとする．したがって，$y = 0$ に磁壁の中心がある．磁気エネルギー (5.1.1) を極座標で次のように表す．

$$W = A\left[\left(\frac{\partial\theta}{\partial y}\right)^2 + \left(\sin\theta\frac{\partial\phi}{\partial y}\right)^2\right] + K\sin^2\theta. \tag{5.1.2}$$

　1 次元系を考えているので，(θ, ϕ) は y のみの関数である．磁壁は準安定状態であるので，トルクはどのスピンでもゼロになっており，次のような関係式が得ら

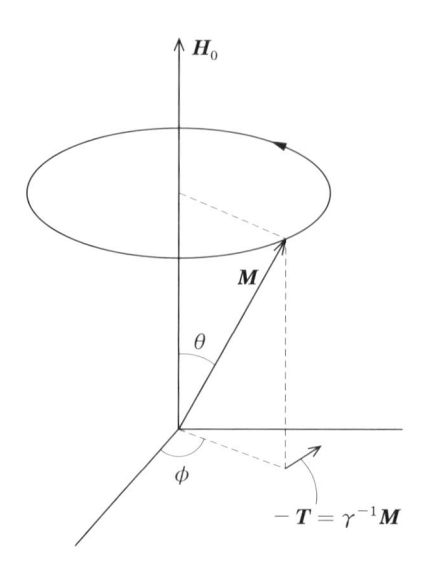

図 **5.1** 座標軸. (θ, ϕ) は極座標である. $\boldsymbol{H}_0$ は外部磁場を表す.

れる.

$$\frac{\delta W}{\delta \theta} = \frac{\delta W}{\delta \phi} = 0. \tag{5.1.3}$$

ここで, $\delta W/\delta \theta$, $\delta W/\delta \phi$ は汎関数微分であり,

$$\frac{\delta W}{\delta \theta} = \frac{\partial W}{\partial \theta} - \boldsymbol{\nabla} \cdot \frac{\partial W}{\partial \boldsymbol{\nabla} \theta}. \tag{5.1.4}$$

(5.1.3) 式に (5.1.2) 式を代入すると, 次の微分方程式が得られる.

$$\frac{\partial^2 \phi}{\partial y^2} \sin^2 \theta + \frac{\partial \phi}{\partial y} \frac{\partial \theta}{\partial y} \sin 2\theta = 0, \tag{5.1.5}$$

$$2A \frac{\partial^2 \theta}{\partial y^2} - \left[K + A \left(\frac{\partial \phi}{\partial y} \right)^2 \right] \sin 2\theta = 0. \tag{5.1.6}$$

境界条件, $\theta(\pm\infty) = (\pi, 0)$ をみたす (5.1.5) 式と (5.1.6) 式の解は次のようになる.

$$\phi(y) = \Phi = 定数, \tag{5.1.7}$$

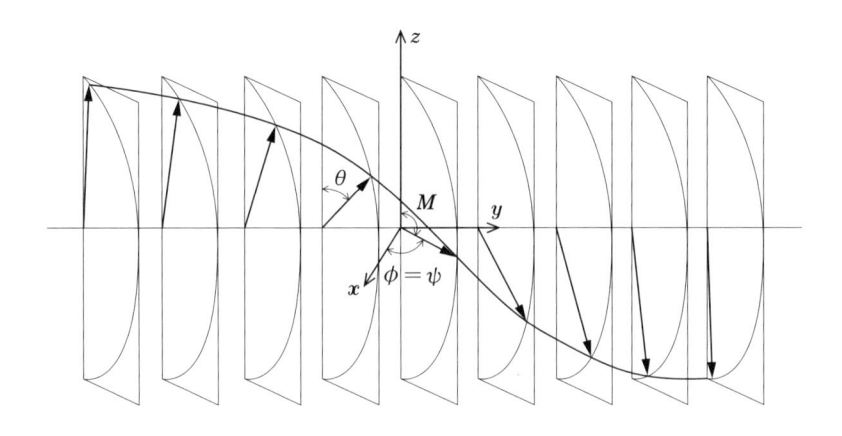

図 **5.2**　1 次元磁壁.

$$\theta(y) = \pm 2\tan^{-1}\exp\left(\frac{y}{\Delta_0}\right), \tag{5.1.8}$$

$$\Delta_0 = \left(\frac{A}{K}\right)^{\frac{1}{2}}. \tag{5.1.9}$$

　なお，xy 面内には異方性がないので，ϕ は一定である．しかし面内の異方性を考慮すると磁壁は ϕ にも依存することになる．$\Phi = 0$ の磁壁をブロッホ (Bloch) 磁壁，$\Phi = \pi/2$ の磁壁をネール (Neel) 磁壁と呼ぶ．ブロッホ磁壁を図 5.2 に示す．M は $y = 0$ を中心にして，$\pi\Delta_0$ の領域で連続的に回転している．したがって，Δ_0 は磁壁幅を示す量である．(5.1.7), (5.1.8) 式を (5.1.2) 式に代入し，空間積分すると，磁壁の単位面積あたりのエネルギーが次のように求まる．

$$\theta_0 = 4(AK)^{\frac{1}{2}}. \tag{5.1.10}$$

(5.1.9) 式より，磁壁の幅は交換エネルギー A と異方性エネルギー K のバランスで決まり，(5.1.10) 式より，そのエネルギーには A と K が等しく寄与することがわかる．なお，(5.1.8) 式の別の表現，

$$\Delta_0 \frac{\partial\theta}{\partial y} = \sin\theta \tag{5.1.11}$$

は以下で示す磁壁の運動で必要になる関係式である [19, 20].

5.2　ランダウ–リフシッツ方程式

　強磁性体の磁化 ($\boldsymbol{M}$) の歳差運動を表す運動方程式が，標題のランダウ–リフシッツ方程式である．また，その静的な解からは，さまざまな磁化の状態が導かれる．$\boldsymbol{M}$ は磁気回転比 ($\gamma > 0$) と角運動量の積であり，角運動量の時間変化はトルク ($\boldsymbol{T}$) に等しい．

$$dM/dt = -T.$$

$\boldsymbol{T}$ は有効磁場 ($\boldsymbol{H}_{\mathrm{eff}}$) を用いて，

$$T = M \times H_{\mathrm{eff}},$$

$\boldsymbol{H}_{\mathrm{eff}}$ はエネルギー (W) を用いて，

$$H_{\mathrm{eff}} = -\delta W/\delta M$$

と表されるので

$$T = M \times \delta W/\delta M$$

と書かれる．なお，スピン角運動量を $\boldsymbol{S}$，系のハミルトニアンを H とするとき，このトルクの方程式は，量子力学の運動方程式，

$$dS/dt = -i[S, H]$$

と等価である．図 5.1 に示すように，$\boldsymbol{T}$ により，磁化は $\boldsymbol{H}_{\mathrm{eff}}$ の周りを歳差運動する．

　一方，磁化の運動に何らかの摩擦が働くと磁化は $\boldsymbol{H}_{\mathrm{eff}}$ の方向に緩和する．この緩和を表す項を運動方程式に現象論的に加え，次のように書く．

$$\frac{dM}{dt} = -M \times H_{\mathrm{eff}} - \lambda M \times (M \times H_{\mathrm{eff}}). \tag{5.2.1}$$

(5.2.1) 式をランダウ–リフシッツ方程式と呼ぶ．ここで，λ (>0) はランダウ–リフシッツ減衰定数と呼ばれる．(5.2.1) 式の第 1 項と第 2 項，および dM/dt はそれぞれに垂直であることに注意しよう．このことは，$\boldsymbol{M}$ の長さが一定である

$(d\boldsymbol{M}^2/dt=0)$ ことを保証する．(5.2.1) 式の減衰項はトルクの項に比べて十分に小さいとすると，第2項の $\boldsymbol{M}\times\boldsymbol{H}_{\mathrm{eff}}$ を $-(d\boldsymbol{M}/dt)/\gamma$ で置き換えて，

$$\frac{d\boldsymbol{M}}{dt}=-\boldsymbol{M}\times\boldsymbol{H}_{\mathrm{eff}}-\frac{\alpha}{M_{\mathrm{s}}}\left(\boldsymbol{M}\times\frac{d\boldsymbol{M}}{dt}\right), \tag{5.2.2}$$

$$\alpha=\frac{\lambda\gamma}{M_{\mathrm{s}}} \tag{5.2.3}$$

を得る．ここで，M_{s} は飽和磁化の値であり，無次元の量 α はギルバート定数と呼ばれる．(5.2.2) 式は，ランダウ–リフシッツ–ギルバート (LLG) 方程式と呼ばれる．この式は，λ の1次の範囲の式であり，M_{s} の大きさが一定，という条件で導かれたものであるので，適用範囲に注意が必要である．

5.3　磁壁の運動

図5.2 に示した強磁性体に $+z$ 方向に外部磁場 (H_{a}) を加えると $y>0$ の磁区は不安定になり，磁壁が $+y$ 方向に移動する．このときのブロッホ磁壁の運動は次のように考えられる．磁壁の中心の磁化は磁場 (H_{a}) に垂直であるからトルクが働き $\varPhi\neq0$ となる．その結果，磁壁の表面に反磁場 $(2\pi M_y/\gamma)$ が発生し，静磁エネルギーが $2\pi^2 M_y^2/\gamma$ だけ増加する．そのため，こんどはこの反磁場によるトルクで，磁壁の磁化は z 方向に向き磁壁が移動する．この過程を計算しよう．

磁壁の磁化の回転により磁壁の表面に y 方向に誘起された反磁場による磁壁のエネルギーの増加は，

$$\omega=\int_{-\infty}^{+\infty}2\pi^2 M_y^2\, dy. \tag{5.3.1}$$

この反磁場による磁化の回転速度は，

$$\frac{d\theta}{dt}=-2\pi M_y \tag{5.3.2}$$

となる．一方，磁壁が一定の速度 v で動くとすると，

$$\frac{d\theta}{dt}=\frac{d\theta}{dy}\frac{dy}{dt}=v\frac{d\theta}{dy} \tag{5.3.3}$$

となる．(5.3.2), (5.3.3) 式から，誘起された磁化が次のように求まる．

$$M_y = -\frac{1}{2\pi} v \frac{d\theta}{dy}.$$ (5.3.4)

(5.3.4) 式を (5.3.1) 式に代入し，(5.1.9) 式を用いると，ω は次のように計算される．

$$\omega = \int 2\pi^2 \frac{v}{\Delta_0} 2\sin^2\theta \, dy = 2\pi^2 \int_0^\pi \frac{v^2}{\Delta_0} \sin\theta \, d\theta$$
$$= 4\pi^2 \frac{v^2}{\Delta_0}.$$ (5.3.5)

ここで，磁壁の幅 Δ_0 は磁壁の速度によらないとした．この式は，磁壁が速度 v で運動すると磁壁のエネルギーが v^2 で増加することを示している．そのため，このエネルギーは磁壁の運動エネルギーとみなすことができ，このエネルギーを，

$$(1/2)mv^2$$

と書くと，磁壁の質量 m が次のように求まる．

$$m = \frac{8\pi^2}{\Delta_0}.$$ (5.3.6)

このように，磁場中で動く磁壁は慣性質量 m を持つ．磁壁の運動はスピン流でも，スピントルクにより誘起される．この場合には，角運動量保存則から来る運動であり，質量をもたない．これについては，次節で議論する．

5.4　スピントルク

スピン角運動量の保存則 (3.1.5) 式は，磁化 ($\boldsymbol{M}$) とスピン磁気モーメントの流れ ($\boldsymbol{J}_{\mathrm{m}}$) を用いて，次のように表される．

$$\frac{dM}{dt} + \mathrm{div}\boldsymbol{J}_{\mathrm{m}} = 0.$$ (5.4.1)

すなわち，磁化の運動によりスピン磁気モーメントの流れの湧き出しが起こる．これはスピンポンプである．一方，磁性体にスピン流を注入すると磁化の運動が

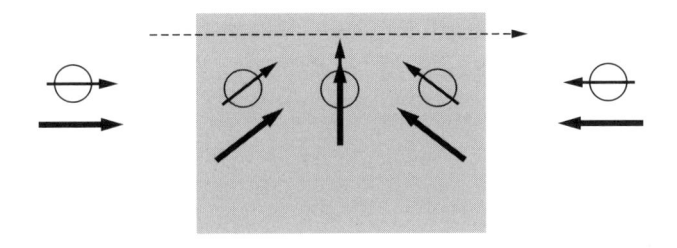

図 **5.3** 磁壁を含む強磁性細線. 矢印は磁化の方向を示す. 丸
印は伝導電子である.

誘起される. これをスピントルクと呼ぶ. 磁化に有効磁場 ($\boldsymbol{H}_{\mathrm{eff}}$) が働いており,
さらに磁化の緩和があるときの磁化のダイナミックス (ランダウ–リフシッツ方
程式, (5.2.1)) は, (5.4.1) 式にトルクの項と緩和の効果を加えて, 次のように表
される.

$$\frac{d\boldsymbol{M}}{dt} + \boldsymbol{\nabla}\cdot\boldsymbol{J}_{\mathrm{m}} = -\boldsymbol{M}\times\boldsymbol{H}_{\mathrm{eff}} - \lambda\boldsymbol{M}\times(\boldsymbol{M}\times\boldsymbol{H}_{\mathrm{eff}}). \tag{5.4.2}$$

この式は, (5.2.1) 式の全微分 d/dt を,

$$\frac{d}{dt} \to \frac{d}{dt} + \boldsymbol{\nabla}\cdot\frac{d\boldsymbol{r}}{dt} \tag{5.4.3}$$

と置き換えることと等価である. これは流れに乗って移動する物質の時間変化を
示しており, 連続体力学の分野では, "物質微分"(または particle derivative) と
呼ばれ, 並進運動に対する運動方程式の不変性, すなわちガリレイ不変性を保証
している [21]. (5.2.2) 式で表されるランダウ–リフシッツ–ギルバート方程式で
は, 右辺の緩和項の時間微分も物質微分で示す必要がある,

$$\frac{d\boldsymbol{M}}{dt} + \boldsymbol{\nabla}\cdot\boldsymbol{J}_{\mathrm{m}} = -\boldsymbol{M}\times\boldsymbol{H}_{\mathrm{eff}} - \frac{\alpha}{M_{\mathrm{s}}}\left[\boldsymbol{M}\times\left(\frac{d\boldsymbol{M}}{dt} + \boldsymbol{\nabla}\cdot\boldsymbol{J}_{\mathrm{m}}\right)\right]. \tag{5.4.4}$$

これにより, ガリレイ不変性が保証される.

　次に図 5.3 に示す磁性細線での磁壁を例にとり, (5.4.4) 式からスピントルク
による磁壁の運動を調べよう. 丸印で示した伝導電子のスピンは強い交換相互作
用のために, 各サイトで磁化と平行になっている. 伝導電子が磁性細線の中を移

動するときは電子のスピン角運動量が磁化に断熱的に受け渡される．いま電子が左から右に移動するとき，電流は右から左に流れる．細線の左の磁区の電子はスピンが右向きであり，それが右の磁区に移動すると，スピンの向きは逆転する．その結果，伝導電子のスピン角運動量が磁壁に受け渡される．時間 Δt の間に移動した電子の数は，

$$\Delta n = J W \Delta t / e$$

である．ここで W, J は，それぞれ，細線の断面積，電流密度である．伝導電子のスピン分極率を P とすると，スピン流密度は，

$$J_{\mathrm{s}} = P J$$

と表される．さて，時間 Δt の間に伝導電子から磁壁に受け渡されたスピン角運動量は，

$$\Delta m = 2 \mu_{\mathrm{B}} J_{\mathrm{s}} W \Delta t / e,$$

μ_{B} はボーア磁子である．磁壁が $\Delta L = v_{\mathrm{DW}} \Delta t$ だけ右に移動すると細線の磁化は $\Delta M = M W \Delta L$ だけ変化するので，スピン角運動量の保存則，$\Delta m = \Delta M$ から，磁壁の速度が電流の関数として次のようにも求まる．

$$v_{\mathrm{DW}} = \frac{\mu_{\mathrm{B}} P J}{e M}. \tag{5.4.5}$$

$J_{\mathrm{m}} = M W v_{\mathrm{DW}}$ であるから，

$$\boldsymbol{\nabla} \boldsymbol{J}_{\mathrm{m}} = \boldsymbol{v}_{\mathrm{DW}} \partial M / \partial z$$

と表され，有効磁場 (H_{eff}) がゼロの場合，

$$\frac{dM}{dt} + v_{\mathrm{DW}} \frac{\partial M}{\partial z} = 0. \tag{5.4.6}$$

磁化 $\boldsymbol{M}$ を極座標を用いて表すと (図 5.1)，

$$\boldsymbol{M} = M(\boldsymbol{z} \cos\theta + \boldsymbol{x} \sin\theta).$$

(5.4.6) 式は，

$$\frac{d\theta}{dt} = v_{\mathrm{DW}}\frac{\partial \theta}{\partial z}. \tag{5.4.7}$$

この解は,

$$\theta = \theta(z + v_{\mathrm{DW}}t)$$

である. すなわち, 磁壁は電流のもとで, 速度が v_{DW} で並進運動をすることを示している. また, 緩和定数 (α) が有限でも影響を受けない. これは, ガリレイ不変性からの帰結であり, 磁場での磁壁の運動とは異なる. すなわち, 磁壁は空間のどこにあってもエネルギーは変わらないことから, 電流 (スピン流) による磁壁の運動は質量を持たない. なお, 磁性体中に存在する不純物などは, 磁壁をピン留めするため, 磁壁の電流による駆動では臨界電流が存在し, (5.4.6) 式は次のように表される.

$$\frac{dM}{dt} + C[J - J_{\mathrm{k}}\mathrm{sign}(J)]\frac{\partial M}{\partial z} = 0, \tag{5.4.8}$$

ここで, $C = Pa^3/2eM$, J_{k} は不純物による磁壁のピン留めを示す臨界電流である. 磁壁の磁場と電流による運動の違いは, 磁壁のクリープ現象にも現れることが示されている [22].

上で示した, 磁壁のガリレイ不変な運動はよりさらに深い意味を持っている. 次にそのことを示そう. 伝導電子のシュレーディンガー方程式を

$$i\hbar\frac{d}{dt}\Psi(\boldsymbol{r},t) = H\Psi(\boldsymbol{r},t) \tag{5.4.9}$$

と書き, i 格子点でスピン空間の回転を y 軸の周りに回転させる. これは上のシュレーディンガー方程式に次の変換の演算子,

$$U(\theta_i) = \exp(-i\theta_i s_y) = \cos\frac{\theta_i}{2} - 2is_y\sin\frac{\theta_i}{2} \tag{5.4.10}$$

を作用することに相当する. ここで, $s = 1/2$ である. いま, i 格子点のスピン軸を θ_i, j 格子点のスピン軸を θ_j だけ回転すると,

$$U_i(\theta_i)^\dagger U_j(\theta_j) = \cos\frac{\theta_i - \theta_j}{2} + 2is_y\sin\frac{\theta_i - \theta_j}{2}. \tag{5.4.11}$$

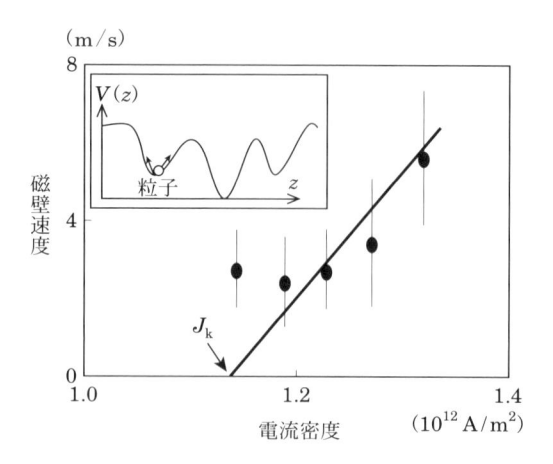

図 **5.4** 磁壁速度の電流密度依存性. ●印は実験結果, 直線は
(5.4.8) 式を示す. ただし, 伝導電子のスピン分極率を $P = 0.7$ と
取ってある. 挿入図は磁壁を粒子とみたときのピン留めの模型.

局在スピン (S) が磁性を担い, 局在スピンと伝導電子のスピン (s) は交換相互作
用で強く結合しているとする. 各格子点での全スピンを,

$$S_T = S + s$$

と表し,

$$s = (1/2) S_T / S_T$$

と書く. また, さらに, i, j 格子点の距離を Δz と書くと, (5.4.11) 式は次のよ
うに表される.

$$U_i(\theta_i)^\dagger U_j(\theta_j) = \cos \frac{\theta_i - \theta_j}{2} + \frac{i}{2 S_T} \frac{\partial \theta_i}{\partial z} \Delta z S_T. \tag{5.4.12}$$

(5.4.12) 式の第 1 項は二重交換相互作用に対応し, 第 2 項はスピントルクに対応
する. すなわち, スピントルクはスピンをそろえようとする作用であり, 二重交
換相互作用に付随した効果である [23].

5.5 スピン起電力

スピン起電力 (spin-motive force, SMF) は，磁性金属において磁化の運動に伴って現れる起電力である．伝導電子は交換相互作用で磁化と強く結合している．そのため，磁化が運動すると伝導電子も引きずられて動き，電圧が発生する．これがスピン起電力である．前節で議論したスピントルクはスピン角運動量の保存則により，磁化と伝導電子の間でのスピンのやり取りが起こることによる．一方，伝導電子と磁化の間にはエネルギー保存則が存在する．そのため，磁化の持つエネルギーが伝導電子に受け渡され，伝導電子が運動エネルギーを獲得することにより，スピン起電力が発生する．したがって，スピン起電力とスピントルクはコインの表裏の関係にある [23, 24].

5.5.1 エネルギー保存則

図 5.2 において，$+z$ 方向に外部磁場 H を加えると $y>0$ の磁区は不安定になり，磁壁が $+y$ 方向に移動する．いま，磁壁が速度 v_{DW} で右に移動したとすると，単位時間当たりおよび単位断面積当たり，ゼーマン・エネルギーは $2MHv_{\mathrm{DW}}$ だけ変化する．スピン角運動量保存則 (スピントルク) より，電流密度と v_{DW} の間には，

$$v_{\mathrm{DW}} = \mu_{\mathrm{B}} PJ/eM$$

の関係がある．このエネルギーがエネルギー保存則により，伝導電子に受け渡されるとすると，

$$2MHv_{\mathrm{DW}} + JV = 0$$

となる．ここで V は細線の両端に現れる電圧である．これより，スピン起電力は次のように与えられる．

$$V = -\frac{2\mu_{\mathrm{B}}}{e}PH. \tag{5.5.1}$$

V は P を除いて物質に依存しない (伝導電子の g は 2 とする)．したがって，

$$V \sim P \times 100\mu\mathrm{V/T}$$

となり，1 T の磁場を加えると $100\,\mu\mathrm{V}$ 程度の電圧が発生することになる．

5.5.2 スピン・ベリー位相

電子の電荷に伴うベリー位相を

$$\gamma_{\mathrm{e}} = (-e/\hbar)\Phi$$

と書くとき，ファラデーの電磁誘導は，

$$V = (\hbar/e)d\gamma_{\mathrm{e}}/dt$$

と与えられる．ここで，Φ は回路に含まれる磁束密度である．一方，伝導電子の
スピンが時間とともにその方向を変えるとき，スピンが取り囲む立体角を Ω と
すると，Ω とスピン・ベリー位相 γ_{s} との間に次の関係がある．

$$\gamma_{\mathrm{s}} = -\Omega/2.$$

そこで，

$$d\Omega/dt = 2\gamma H, \quad \gamma = g\mu_{\mathrm{B}}/\hbar$$

より，(5.5.1) 式は次のようになる．

$$V = \frac{P\hbar}{e}\frac{d\gamma_{\mathrm{s}}}{dt}. \tag{5.5.2}$$

この式は，ファラデーの電磁誘導の式にスピンを考慮したもの，と見ることがで
きる．

この式の応用例が図 5.5 に示す場合に見られる [25]．磁場 H を面内に加えて，
右の広い部分 (Pad) の強磁性共鳴を起こさせる．形状異方性が違うので，左の
細線の部分 (wire) では強磁性共鳴は起こらない．いま，Pad の部分の共鳴周波
数を ω とすると，歳差角 θ_1 は有限になる．

(5.5.2) 式より，スピン起電力は次のようになる．

$$V = \frac{P\hbar\omega}{2e}(\cos\theta_1 - \cos\theta_2). \tag{5.5.3}$$

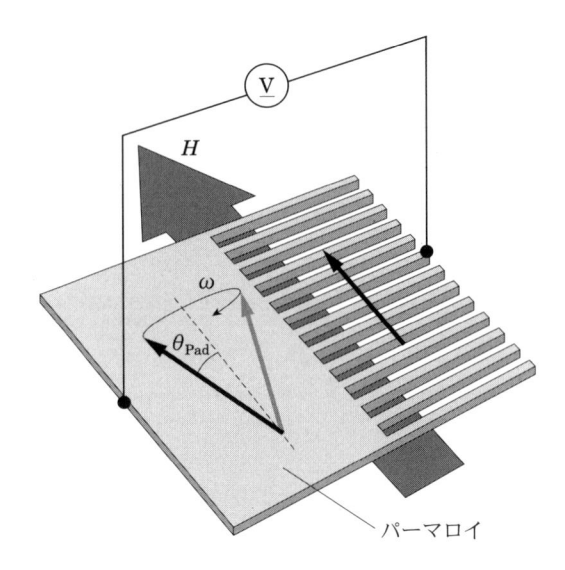

図 **5.5** 櫛形に加工された強磁性 (FeNi) 薄膜. 左の広い部分
(Pad) の強磁性共鳴でスピン起電力 (V) が得られる [25].

ここで，θ_2 は wire のスピンの角度であり，共鳴が起こっていないので，$\theta_2 = 0$
である．$\theta_1 \ll 1$ であるから，(5.5.3) 式は次のように表される．

$$V \simeq \frac{P\hbar\omega}{4e}\theta_1^2. \tag{5.5.4}$$

なお，θ_1^2 はマイクロ波のパワーに比例するので，スピン起電力はマイクロ波の
エネルギーがスピンの歳差運動を通して電力に変換させることを示している．

5.5.3 スピン電磁誘導

スピン起電力はファラデーの電磁誘導のスピン版とみなすことができ，電磁波
のスピン版が導ける．次にこれを示そう．一般に起電力 (electro-motive force,
EMF) は電子に働く非保存力による．

$$V = \frac{1}{-e}\oint \boldsymbol{f}_\text{e} \cdot d\boldsymbol{x}, \tag{5.5.5}$$

ここで，f_{e} は電子の電荷に働く力であり，積分は電子の動く軌道に沿って行う．(5.5.5) 式は，電子に供給されるエネルギーを表している．したがって，この式から保存力 (ポテンシャルの微分) は寄与しないことがわかる．いま，電子の電荷に働くローレンツ力は，電場 (E) および磁場 (B) を用いて，

$$f_{\mathrm{e}} = -e(E + v \times B)$$

である．ただし，v は電子の速度．一方，強磁性金属の伝導電子のスピンは磁化と交換相互作用で結合しており，磁化から磁気エネルギーを獲得することができる．いま，伝導電子のスピンに働く力を EMF の場合に対応させて次のように書く．

$$f_{\mathrm{s}} = -e[\pm E_{\mathrm{s}} + v \times (\pm B_{\mathrm{s}})], \tag{5.5.6}$$

ここで，$+$ $(-)$ は伝導電子の majority (minority) スピン・バンドの電子を示す．いわゆる，スピン電場 (E_{s}) とスピン磁場 (B_{s}) の導入は文献に譲り，ここでは結果のみを示そう [23, 24]．

$$
\begin{aligned}
E_{is} &= \frac{\hbar}{2e} m \cdot \left(\frac{\partial m}{\partial t} \times \frac{\partial m}{\partial x_i} \right), \\
B_{is} &= -\epsilon_{ijk} \frac{\hbar}{4e} m \cdot \left(\frac{\partial m}{\partial x_j} \times \frac{\partial m}{\partial x_k} \right),
\end{aligned}
\tag{5.5.7}
$$

ここで，m は磁化の方向を示す単位ベクトル，ϵ_{ijk} は Levi-Civita 記号である．スピン電場 (E_{s}) は磁化の時間と空間変化の両方に依存する．また，スピン磁場 (B_{s}) は磁化が空間の 2 方向に変化する場合に有限になる．スピンに働く "ローレンツ力"，

$$-e[v \times (\pm B_{\mathrm{s}})]$$

は，横方向の電気伝導度を与え，異常ホール効果の原因になる．

　majority スピンと minority スピンでは力 f_{s} は逆符号になっている．そのため，スピン起電力が電圧として測定されるには，スピン分極 P が有限である必要があり，

$$f_{\rm nc} = -\frac{P\hbar}{2}m \cdot \left(\frac{\partial m}{\partial t} \times \boldsymbol{\nabla} m\right). \tag{5.5.8}$$

(5.5.8) 式は，磁化の運動による電子に働く非保存力である．

第 6 章

熱とスピン

本章では，スピンを利用した熱の制御を可能にする磁気熱効果を紹介する．スピンと熱の相互変換現象は，スピンゼーベック効果，スピンペルチェ効果と呼ばれており，それらの間には相反関係が成り立つ．

6.1 磁気冷凍

磁性体では，各イオンの局在モーメントを J とすると，各イオンは $k_B \ln(2J+1)$ のエントロピーを内在している．そのため，常磁性状態から磁気秩序状態に相転移すると，このエントロピーが放出される．また，磁性体に磁場を加えると磁気モーメントがそろい，エントロピーが減少する．このようなエントロピー変化を利用してさまざまな熱機関が考えられている．図 6.1 は磁性体のエントロピーと温度の関係を示している．一定温度 (T_h) で磁場 (H) を加えるとエントロピーが減少する．次に断熱的に磁場を取ると温度が T_c に減少する．このサイクルを繰り返すことにより，冷却が可能になる．これを磁気熱効果 (magneto-caloric effect) と呼ぶ．

磁気熱効果は 1881 年に発見された効果であり，さまざまな応用が考えられてきた．超低温を得る断熱消磁法はその応用の一例である．また，この効果を利用した磁気冷凍は環境に優しい省エネ技術として注目されている．さらに，磁性微粒子の磁気転移に伴う発熱を利用して，がん細胞を殺す医学的手法としての研究も進んでいる．

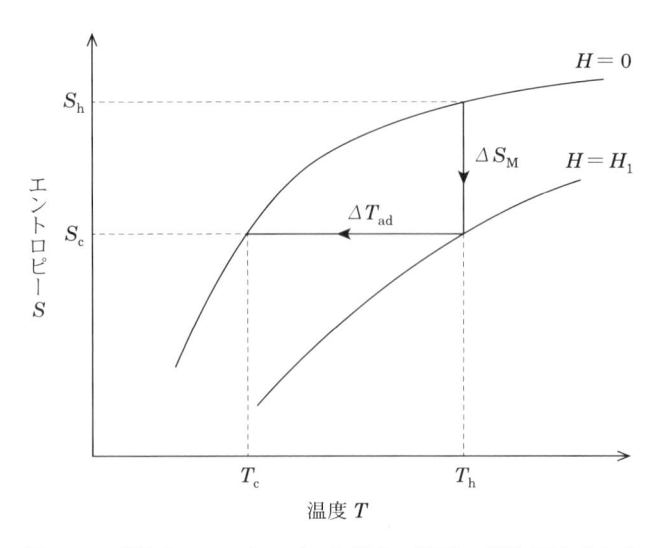

図 6.1 磁性体のエントロピーと温度の関係. 磁場 (H) を加えることにより, 磁気モーメントがそろい, エントロピーが減少する. そして, 断熱的に磁場を取り去ると, 温度が下がる.

磁気熱効果は局在モーメントの整列によるエントロピー変化を利用しているので, 局在モーメントの大きい $Gd_5Si_2Ge_2$ などの Gd 化合物が多く利用されている. また, がん治療などの医療への応用では毒性の少ない遷移金属酸化物などが利用される [20, 26].

6.2 スピンゼーベック効果

金属や半導体の両端に温度差をつけると起電力が発生する. これは, 1821 年にゼーベック (T. Seebeck) によって発見されゼーベック効果と呼ばれる. 逆に電圧を加えると温度差が生じる現象をペルチェ (Peltier) 効果と呼ぶ. これら熱電変換現象は物質中のキャリア (電子もしくは正孔) のポテンシャル差を利用したエネルギー変換である.

磁性体においては, 温度差をつけるとスピン流が生成される. この現象はスピンゼーベック効果と呼ばれる. また, 磁性体にスピン流を注入すると温度差が生

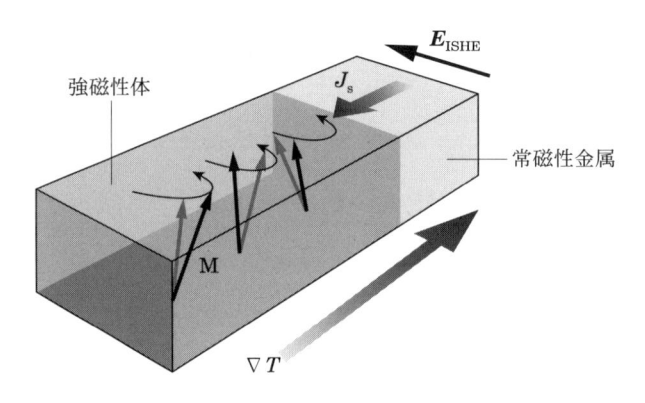

図 6.2 スピンゼーベック効果が観測される強磁性体/常磁性金属の接合系の模式図.

じる現象はスピンペルチェ効果と呼ばれる．まずは本節でスピンゼーベック効果について述べ，次節でスピンペルチェ効果を考える．

　図 6.2 にスピンゼーベック効果が観測される強磁性体と常磁性金属の接合系の模式図を示す．強磁性体に温度勾配 ∇T をつけるとスピン流が生成され，強磁性体/常磁性金属の界面を通して常磁性金属へと流れ込む．注入された σ 方向に偏極したスピン流 J_{s} は，常磁性金属中の逆スピンホール効果によって，

$$E_{\mathrm{ISHE}} \propto \sigma \times J_{\mathrm{s}}$$

の電場を生み出す．

　スピンゼーベック効果は当初，Pt のような常磁性金属と強磁性体もしくはフェリ磁性体との接合系において観測された (図 6.3)．磁性体としては，強磁性金属のパーマロイ (Py) [27] や，強磁性半導体の GaMnAs [28] だけでなく，フェリ磁性絶縁体の $Y_3Fe_5O_{12}$ [29]，$Gd_3Fe_5O_{12}$ [30] などでも観測されている．絶縁体においてもスピンゼーベック効果が生じることは，スピン偏極したキャリアがスピン流を担っているわけではなく，ゼーベック効果とは本質的に異なる現象であることを意味している．

　強磁性体およびフェリ磁性体でのスピンゼーベック効果は，スピン波を量子化したマグノンを用いて記述される．マグノンの輸送方程式であるボルツマン方程

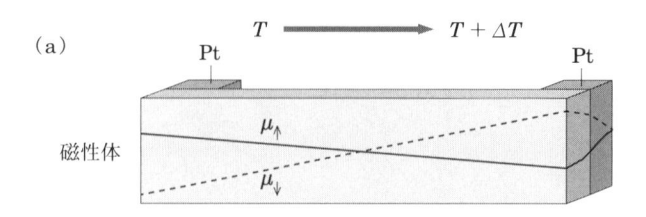

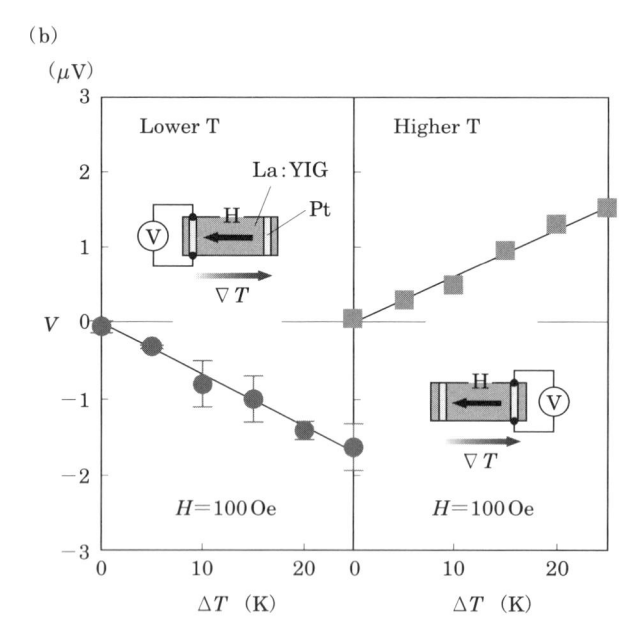

図 **6.3** スピンゼーベック効果が観測された磁性体と Pt の接合系. (a) 温度勾配により作られたスピン成分ごとの電気化学ポテンシャルの模式図. (b) 接合された Pt 細線で観測された電圧の温度差依存性 [31]. 高温側と低温側の Pt 細線では, 注入されるスピン流の偏極方向が異なるため, 逆スピンホール効果で現れる電圧の符号が異なる.

式は，定常状態のマグノン分布関数 $n_k(\boldsymbol{r})$ について，緩和時間近似を用いることで以下のように書ける．

$$\boldsymbol{v}_k \cdot \boldsymbol{\nabla} n_k(\boldsymbol{r}) = -\frac{n_k(\boldsymbol{r}) - n_k^0}{\tau_k}, \tag{6.2.1}$$

ここで，波数ベクトル $\boldsymbol{k}$，励起エネルギー $\hbar\omega_k$，群速度 $\boldsymbol{v}_k = \partial\omega_k/\partial\boldsymbol{k}$ の熱平衡状態にあるマグノンは，ボーズ–アインシュタイン分布

$$n_k^0 = [\exp(\hbar\omega_k/k_{\mathrm{B}}T) - 1]^{-1}$$

に従う．また，τ_k は波数 k のマグノンの緩和時間である．

マグノン蓄積密度 $\delta n^{\mathrm{m}}(\boldsymbol{r})$ を熱平衡状態からのマグノン密度のずれと定義する．

$$\delta n^{\mathrm{m}}(\boldsymbol{r}) = \int \frac{d\boldsymbol{k}}{(2\pi)^3}[n_k(\boldsymbol{r}) - n_k^0]. \tag{6.2.2}$$

マグノンの担うスピン流密度は，

$$\boldsymbol{j}^{\mathrm{m}}(\boldsymbol{r}) = \hbar \int \frac{d\boldsymbol{k}}{(2\pi)^3} \boldsymbol{v}_k[n_k(\boldsymbol{r}) - n_k^0] \tag{6.2.3}$$

となる．ボルツマン方程式 (6.2.1) より，マグノンの熱平衡状態からの励起

$$\delta n_k(\boldsymbol{r}) = n_k(\boldsymbol{r}) - n_k^0$$

は，

$$n_k(\boldsymbol{r}) - n_k^0 = -\tau_k \boldsymbol{v}_k \cdot \left[\frac{\partial n_k^0}{\partial T}\boldsymbol{\nabla}T + \boldsymbol{\nabla}\delta n_k(\boldsymbol{r})\right] \tag{6.2.4}$$

と表される．(6.2.4) 式を (6.2.3) 式に代入することで，スピン流は

$$\boldsymbol{j}^{\mathrm{m}} = \boldsymbol{j}^{\boldsymbol{\nabla}T} + \boldsymbol{j}^{\delta n}$$

と 2 項の和として表される．第 1 項は，温度勾配によりマグノンが輸送される寄与で，

$$\boldsymbol{j}^{\boldsymbol{\nabla}T}(\boldsymbol{r}) = -\hbar \int \frac{d\boldsymbol{k}}{(2\pi)^3}\tau_k \frac{\partial n_k^0}{\partial T}\boldsymbol{v}_k[\boldsymbol{v}_k \cdot \boldsymbol{\nabla}T] \tag{6.2.5}$$

となり，$\boldsymbol{j}^{\nabla T} = -C\nabla T$ と温度勾配に比例している．第 2 項は，マグノン蓄積の空間分布に起因しており，

$$\boldsymbol{j}^{\delta n}(\boldsymbol{r}) = -\hbar \int \frac{d\boldsymbol{k}}{(2\pi)^3} \tau_k \boldsymbol{v}_k [\boldsymbol{v}_k \cdot \nabla \delta n_k(\boldsymbol{r})] \tag{6.2.6}$$

と書ける．熱平衡状態からのずれが小さいとすれば，(6.2.6) 式は，

$$\boldsymbol{j}^{\delta n}(\boldsymbol{r}) = -\hbar D_{\mathrm{m}} \nabla \delta n^{\mathrm{m}}(\boldsymbol{r}) \tag{6.2.7}$$

となり，マグノン蓄積の密度勾配に比例する．ここで，D_{m} はマグノンの拡散係数である．励起されたマグノンはフォノンとの相互作用を通して格子系にエネルギーを渡して緩和される．このときの緩和時間を τ_{mp} とすると，角運動量に対する連続の方程式より，

$$\hbar \frac{\delta n^{\mathrm{m}}(\boldsymbol{r})}{\tau_{\mathrm{mp}}} + \nabla \cdot \boldsymbol{j}^{\delta n}(\boldsymbol{r}) = 0 \tag{6.2.8}$$

が得られる．(6.2.7) 式と (6.2.8) 式より，マグノン蓄積は拡散方程式，

$$\nabla^2 \delta n^{\mathrm{m}}(\boldsymbol{r}) = \frac{\delta n^{\mathrm{m}}(\boldsymbol{r})}{l_{\mathrm{m}}^2} \tag{6.2.9}$$

に従う．ここで，$l_{\mathrm{m}} = \sqrt{D_{\mathrm{m}} \tau_{\mathrm{mp}}}$ はマグノンの拡散長である．マグノン蓄積の密度勾配の方向を x 軸にとると，マグノン蓄積の解は，

$$\delta n^{\mathrm{m}}(x) = A e^{x/l_{\mathrm{m}}} + B e^{-x/l_{\mathrm{m}}} \tag{6.2.10}$$

となる．これより，マグノン蓄積の空間分布に起因するスピン流は，

$$j_x^{\delta n}(x) = -\hbar \frac{D_{\mathrm{m}}}{l_{\mathrm{m}}} A e^{x/l_{\mathrm{m}}} + \hbar \frac{D_{\mathrm{m}}}{l_{\mathrm{m}}} B e^{-x/l_{\mathrm{m}}} \tag{6.2.11}$$

と与えられる．ここで，積分定数 A と B は磁性体の両端の境界条件から決定される．なお，図 6.3 で示した実験では，磁性体のサイズがマグノンの拡散長よりも十分に大きいため，温度勾配により (6.2.5) に従って輸送されたマグノンが，スピン蓄積 $\mu_\uparrow - \mu_\downarrow$ を作ると解釈される．

次に，磁性体中の温度勾配によりマグノンを通して伝播したスピン流が，磁性

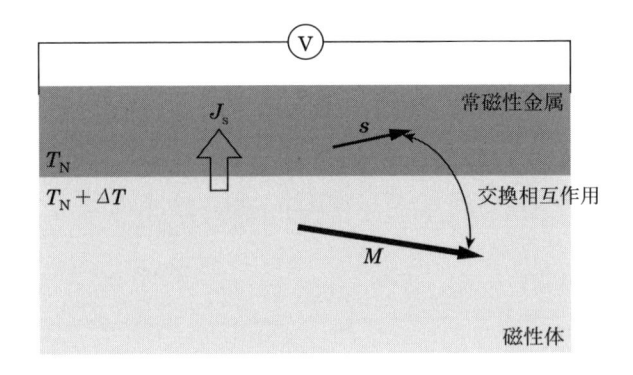

図 **6.4** 磁性体/常磁性金属の界面におけるスピン流注入の模式図.

体/常磁性金属の界面において常磁性金属へ注入される様子を考えよう [32, 33]. ここでは簡単のため，磁性体中に印加された温度勾配によって，界面に有効的な温度差 ΔT が生成されたとする．この温度差によって，磁性体中の局在磁化と常磁性金属中の伝導電子スピンの非平衡状態に差が生じ，その結果，磁性体から常磁性金属へとスピン流 J_{s} が注入される (図 6.4).

元々同じ温度 T にあった常磁性金属と磁性体が，温度勾配 ∇T によって異なる温度 T_{N} と

$$T_{\mathrm{F}} = T_{\mathrm{N}} + \Delta T$$

を持つようになったとする．強磁性体の局在磁化の運動は，以下のランダウ–リフシッツ–ギルバート (LLG) 方程式で記述される.

$$\frac{d\boldsymbol{M}}{dt} = \gamma(\boldsymbol{H}_0 + \boldsymbol{h}) \times \boldsymbol{M} + \frac{\alpha}{M_{\mathrm{s}}}\boldsymbol{M} \times \frac{d\boldsymbol{M}}{dt} - J_{\mathrm{ex}}\boldsymbol{s} \times \boldsymbol{M}, \tag{6.2.12}$$

ここで，局在磁化 $\boldsymbol{M}$ は z 方向の飽和磁化 M_{s} 周りの小さな揺らぎ $\boldsymbol{m}$ を用いて，

$$\boldsymbol{M}/M_{\mathrm{s}} = (1 - m^2/2)\hat{z} + \boldsymbol{m}$$

と表される．γ は強磁性体の磁気回転比，α はギルバート緩和定数，$\boldsymbol{H}_0$ は静的な外部磁場である．J_{ex} は界面における局在磁化と常磁性金属中の電子スピン $\boldsymbol{s}$

との交換相互作用定数を表す．また，$\boldsymbol{h}$ は熱揺らぎによるノイズ磁場で，以下の関係式を満たす．

$$\langle h_i^{\mu}(t)\rangle=0, \tag{6.2.13}$$

$$\langle h_i^{\mu}(t)h_j^{\nu}(t')\rangle=\frac{2k_{\mathrm{B}}T_{\mathrm{F}}\alpha}{\gamma M_{\mathrm{s}}}\delta_{ij}\delta_{\mu\nu}\delta(t-t'), \tag{6.2.14}$$

ここで i,j は磁性体中の位置を，$\mu,\nu=x,y,z$ はノイズ磁場の向きを表す．(6.2.14) 式は揺動散逸関係式である．

　一方で，常磁性金属の電子スピン $\boldsymbol{s}$ の運動は，拡散項を含んだブロッホ方程式 (Bloch–Torrey 方程式) で記述される．

$$\frac{d\boldsymbol{s}}{dt}=\left(D_{\mathrm{N}}\boldsymbol{\nabla}^2-\tau_{\mathrm{sf}}^{-1}\right)\left(\boldsymbol{s}-\frac{s_0}{M_{\mathrm{s}}}\boldsymbol{M}\right)+\frac{J_{\mathrm{ex}}}{M_{\mathrm{s}}}\boldsymbol{M}\times\boldsymbol{s}+\boldsymbol{l}, \tag{6.2.15}$$

ここで，D_{N} は拡散係数，τ_{sf} はスピン反転時間を表す．また，$s_0=\chi_{\mathrm{N}}J_{\mathrm{ex}}S_0$ は常磁性帯磁率 χ_{N} に比例して強磁性体の局在磁化 $\boldsymbol{M}$ により誘起される局所平衡スピンである．ただし，$S_0=M_{\mathrm{s}}/\gamma$ を局在スピンの大きさとした．熱揺らぎによるスピンのノイズ $\boldsymbol{l}$ は以下の関係式を満たす．

$$\langle l_i^{\mu}(t)\rangle=0, \tag{6.2.16}$$

$$\langle l_i^{\mu}(t)l_j^{\nu}(t')\rangle=\frac{2k_{\mathrm{B}}T_{\mathrm{N}}\chi_{\mathrm{N}}}{\tau_{\mathrm{sf}}}\delta_{ij}\delta_{\mu\nu}\delta(t-t'). \tag{6.2.17}$$

　z 軸を常磁性金属の電子スピンの量子化軸とし，常磁性金属に注入されるスピン流 J_{s} を常磁性金属電子スピンの z 成分 s^z の時間微分として $J_{\mathrm{s}}=\sum_i\langle\dot{s}_i^z\rangle$ と定義する．ここで $\sum_i$ は常磁性金属中の格子上での和を表し，$\langle\cdots\rangle$ は統計平均を表す．(6.2.15) 式の右辺第 1 項の期待値を簡単のため無視すると，

$$J_{\mathrm{s}}=J_{\mathrm{ex}}\mathrm{Im}\sum_{i\in\mathrm{int}}\langle s_i^{+}(t)m_i^{-}(t')\rangle_{t'\to t}$$

を得る．ここで，

$$s^{\pm}=s^x\pm is^y,\quad m^{\pm}=m^x\pm im^y$$

とする．また，$\sum_{i\in\text{int}}$ は接合界面での空間和とする．以下では，時間について定常状態を仮定する．ここでフーリエ表示

$$s^+(t) = \int \frac{d\omega}{2\pi} s^+(\omega) e^{-i\omega t}$$

を導入すると，スピン流 J_s は次のように表される．

$$J_\mathrm{s} = J_\mathrm{ex} \mathrm{Im}\left[\int_{-\infty}^{\infty} \frac{d\omega}{2\pi} \langle s^+(\omega) m^-(-\omega) \rangle \right], \tag{6.2.18}$$

ここで，位置 i についてもフーリエ変換し，運動量ゼロの極限をとる長波長近似を行った．(6.2.18) 式中の $s^+(\omega)$ と $m^-(-\omega)$ は，(6.2.12) 式と (6.2.15) 式を線形化して，次のように求められる．

$$s^+(\omega) = \chi(\omega)[s_0 J_\mathrm{ex} G^+(\omega) \gamma h^+(\omega) + i l^+(\omega)], \tag{6.2.19}$$

$$m^-(\omega) = -G^-(\omega)[\gamma h^-(\omega) - i s_0^{-1} J_\mathrm{ex} \chi(\omega) l^-(\omega)], \tag{6.2.20}$$

ここで，$G^\pm(\omega)$ と $\chi(\omega)$ は，それぞれ磁性体および常磁性金属の動的帯磁率を表し，

$$G^\pm(\omega) = (\omega \pm \gamma H_0 \mp i\alpha\omega)^{-1}$$

および

$$\chi(\omega) = (\omega + i\tau_\mathrm{sf})^{-1}$$

と表される．(6.2.19) 式と (6.2.20) 式を (6.2.18) 式に代入すると，常磁性金属に注入されるスピン流が以下のように求まる．

$$J_\mathrm{s} = J_\mathrm{ex} \int_{-\infty}^{\infty} \frac{d\omega}{2\pi} \frac{\mathrm{Im}\chi \mathrm{Im}G^+}{\omega} (s_0 \tau_\mathrm{sf}^{-1} \langle \gamma^2 h^+ h^- \rangle - \alpha J_\mathrm{ex} \langle l^+ l^- \rangle). \tag{6.2.21}$$

(6.2.21) 式から，スピンゼーベック効果によって常磁性金属に注入されるスピン流は，磁性体中の熱ノイズ磁場の相関関数 $\langle h^+ h^- \rangle$ と，常磁性金属中のスピンの熱ノイズの相関関数 $\langle l^+ l^- \rangle$ の差で表されることがわかる．(6.2.14) 式と (6.2.17) 式を (6.2.21) 式に代入すると，

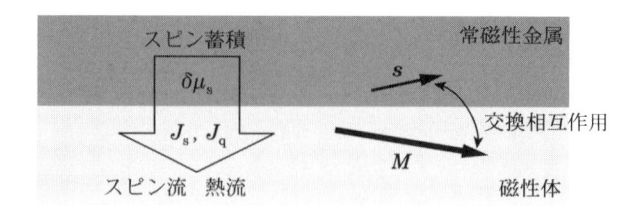

図 **6.5** スピンペルチェ効果の模式図.

$$J_{\mathrm{s}} = 2J_{\mathrm{ex}}^2 k_{\mathrm{B}} \Delta T \int_{-\infty}^{\infty} \frac{d\omega}{2\pi} \frac{\mathrm{Im}\chi \mathrm{Im}G^+}{\omega} \qquad (6.2.22)$$

を得る. (6.2.22) 式は, 磁性体と常磁性金属に温度差 ΔT が存在するときにスピン流が注入されることを意味している.

6.3 スピンペルチェ効果

次に, スピンゼーベック効果の逆効果である, スピン流から熱輸送が起こるスピンペルチェ効果について考える. 図 6.5 に, スピンペルチェ効果の模式図を示した. 常磁性金属と磁性体の接合系で, 常磁性金属に電流 J_{c} を流すと, 常磁性金属のスピンホール効果によって磁性体との界面に, 電子スピンの蓄積 (スピン蓄積)

$$\delta\mu_{\mathrm{S}} \equiv \mu_\uparrow - \mu_\downarrow$$

が生成される.

界面のスピン蓄積によって磁性体へスピン流 J_{s} が注入され, それに伴って熱輸送が生じる. 界面の法線ベクトルを n, 磁性体の磁化を M, スピン蓄積の偏極方向を σ とすると, 熱流 J_{q} は,

$$J_{\mathrm{q}} \propto (\sigma \cdot M) n \propto J_{\mathrm{c}} \times M \qquad (6.3.1)$$

と電流に比例しており, 電流の向きに応じて符号を変えるためジュール熱と区別される. 常磁性金属として Pt を, 磁性体として $Y_3Fe_5O_{12}$ を用いた接合系の実

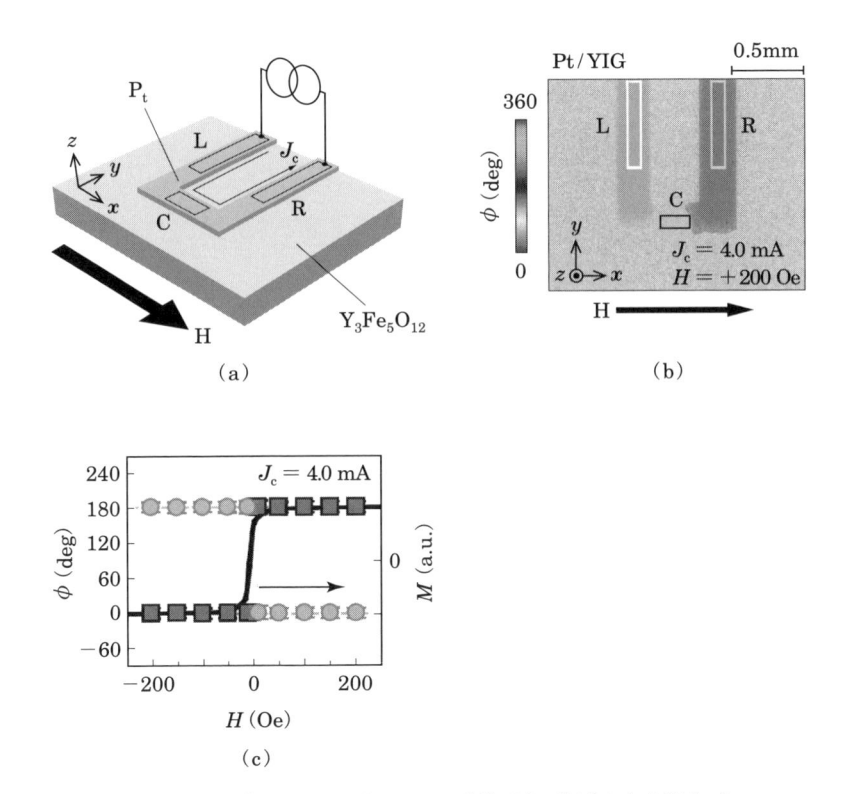

図 **6.6** スピンペルチェ効果による熱輸送を可視化した実験 [35].
(a) 実験系の模式図. 磁場 H により, 磁性体中の磁化の向きを
そろえる. (b) Pt 細線直下の領域 L, R で発熱・吸熱が起こる.
(c) 発熱と吸熱が起こる領域は, 磁場により磁性体中の磁化の向
きを変えることで反転する.

験では, 図 6.6 に示すように, 熱輸送に由来すると考えられる発熱・吸熱が観測
された [34, 35].

　ここからは, スピンペルチェ効果によって熱流が生成される機構を微視的理論
に基づいて考える [36, 33]. 接合界面のスピン蓄積は常磁性金属のスピンにトル
クを与え, 交換相互作用を通して磁性体にスピン流を注入する. このとき磁性体
にスピン波が励起される. スピン波はエネルギーを伝播するので, スピン流注入

に伴って熱流が生成される.

　この機構を前節で用いた半古典的モデルを拡張して議論する. 磁性体の磁化の運動はスピンゼーベック効果と同様に LLG 方程式 (6.2.12) で記述する. 一方で常磁性金属の電子スピンの運動は, 界面に生成されたスピン蓄積 $\delta\mu_S$ の影響を受けるため, ブロッホ方程式 (6.2.15) を修正し記述する. スピン蓄積 $\delta\mu_S$ が電子にとっての有効磁場 $\boldsymbol{b}$ と見なせるため, ブロッホ方程式には以下のようにトルク項 $\boldsymbol{b}\times\boldsymbol{s}$ が加わる.

$$\frac{d\boldsymbol{s}}{dt}=\left(D_N\boldsymbol{\nabla}^2-\tau_{\mathrm{sf}}^{-1}\right)\left(\boldsymbol{s}-\frac{s_0}{M_s}\boldsymbol{M}\right)+\left(\frac{J_{\mathrm{ex}}}{M_s}\boldsymbol{M}+\boldsymbol{b}\right)\times\boldsymbol{s}+\boldsymbol{l}, \tag{6.3.2}$$

ここでスピン蓄積による磁場 $\boldsymbol{b}$ は, z 成分のみをもち, $b^z=\delta\mu_S$ とする.

　スピン流は (6.2.18) 式で与えられる. 一方で, 熱流 J_q は, 常磁性金属のハミルトニアン H_N の時間微分

$$J_q=\frac{\partial H_N}{\partial t}$$

として, 量子論に基づいて計算すると,

$$J_q=J_{\mathrm{ex}}\mathrm{Im}\left[\int_{-\infty}^{\infty}\frac{d\omega}{2\pi}\hbar\omega\langle s^+(\omega)m^-(-\omega)\rangle\right] \tag{6.3.3}$$

である. 熱流の式 (6.3.3) は, スピン流を構成する相関関数 $\langle s^+m^-\rangle$ と, それに付随するエネルギー $\hbar\omega$ の積を周波数について積分している. つまり, スピン流 (6.2.18) 式を

$$J_s=\int d\omega J_s(\omega)$$

と表すと, 熱流 (6.3.3) 式は

$$J_q=\int d\omega\hbar\omega J_s(\omega)$$

と表される.

　スピンペルチェ効果における $s^+(\omega)$ と $m^-(-\omega)$ は, (6.2.12) 式と (6.3.2) 式を線形化して, 次のように求められる.

$$s^+(\omega) = \chi(\bar{\omega})[s_0 J_{\mathrm{ex}} G^+(\omega)\gamma h^+(\omega) + il^+(\omega)], \tag{6.3.4}$$

$$m^-(\omega) = -G^-(\omega)[\gamma h^-(\omega) - is_0^{-1} J_{\mathrm{ex}}\chi(\bar{\omega})l^-(\omega)], \tag{6.3.5}$$

ここで $\bar{\omega} \equiv \omega + \delta\mu_{\mathrm{S}}$ を導入した. (6.3.4), (6.3.5) 式において, スピン蓄積により, 常磁性金属の動的帯磁率 $\chi(\omega)$ の周波数のみがシフトされる点に注意する. このことから, 熱ノイズ l が満たす関係式が, スピン蓄積の有無に関わらず揺動散逸関係式に由来する (6.2.16) 式と (6.2.17) 式となるため, スピンペルチェ効果とスピンゼーベック効果が統一的に記述される.

(6.3.4) 式と (6.3.5) 式を (6.2.18) 式に代入すると, スピン流の式が以下のように得られる.

$$J_{\mathrm{s}} = J_{\mathrm{ex}}\int_{-\infty}^{\infty}\frac{d\omega}{2\pi}\mathrm{Im}\chi\mathrm{Im}G^+\left(s_0\tau_{\mathrm{sf}}^{-1}\frac{\langle\gamma^2 h^+ h^-\rangle}{\omega} - \alpha J_{\mathrm{ex}}\frac{\langle l^+ l^-\rangle}{\bar{\omega}}\right). \tag{6.3.6}$$

(6.3.6) で $\delta\mu_{\mathrm{S}}$ を 0 とすると, スピンゼーベック効果でのスピン流の式 (6.2.21) に帰着する.

また, (6.3.4) 式と (6.3.5) 式を (6.3.3) 式に代入し, 熱流の式を以下のように得る.

$$J_{\mathrm{q}} = J_{\mathrm{ex}}\int_{-\infty}^{\infty}\frac{d\omega}{2\pi}\hbar\omega\mathrm{Im}\chi\mathrm{Im}G^+\left(s_0\tau_{\mathrm{sf}}^{-1}\frac{\langle\gamma^2 h^+ h^-\rangle}{\omega} - \alpha J_{\mathrm{ex}}\frac{\langle l^+ l^-\rangle}{\bar{\omega}}\right). \tag{6.3.7}$$

常磁性金属と磁性体の温度が等しいとすれば $(T = T_{\mathrm{N}} = T_{\mathrm{F}})$, 熱ノイズの相関関数 (6.2.14) 式と (6.2.17) 式をそれぞれ (6.3.6) 式と (6.3.7) 式に代入し, スピン蓄積によるスピン流注入

$$J_{\mathrm{s}} = 2J_{\mathrm{ex}}^2 k_{\mathrm{B}}T\delta\mu_{\mathrm{S}}\int_{-\infty}^{\infty}\frac{d\omega}{2\pi}\frac{\mathrm{Im}\chi\mathrm{Im}G^+}{\omega^2} \tag{6.3.8}$$

と, (6.3.8) に伴って発生する熱流

$$J_{\mathrm{q}} = 2J_{\mathrm{ex}}^2\hbar k_{\mathrm{B}}T\delta\mu_{\mathrm{S}}\int_{-\infty}^{\infty}\frac{d\omega}{2\pi}\frac{\mathrm{Im}\chi\mathrm{Im}G^+}{\omega} \tag{6.3.9}$$

を得る. ここで $\delta\mu_{\mathrm{S}}$ の 1 次までで展開した. 以上より, 界面にスピン蓄積が存在すると, スピン蓄積が常磁性金属の電子スピンにトルクを与え, その結果 (6.3.8)

式で記述されるようなスピン流が発生すると同時に，(6.3.9) 式で記述されるような熱流が得られることが示された.

6.4　スピン流の相反関係

　電荷のゼーベック効果とペルチェ効果はオンサーガーの相反関係を満たし，その帰結として，ゼーベック係数 S とペルチェ係数 Π が温度 T を通して関係するケルビンの関係式 $\Pi = TS$ が成り立つ．これは，熱と電流の相互変換に関する，系の詳細によらない現象論的な関係式である．もしスピンゼーベック効果とスピンペルチェ効果が熱とスピン流の相互変換を記述しているならば，両者の間にも相反関係が成り立つと期待される.

　実際，(6.3.6) 式と (6.3.7) 式をスピン蓄積 $\delta\mu_S$ および温度差 ΔT が十分小さいとして線形近似を行うと，以下のような行列が得られる.

$$\begin{pmatrix} J_s \\ J_q \end{pmatrix} = \begin{pmatrix} L_{11} & L_{12} \\ L_{21} & L_{22} \end{pmatrix} \begin{pmatrix} \delta\mu_S \\ \Delta T/T \end{pmatrix}. \tag{6.4.1}$$

(6.4.1) 式の各行列要素は以下のように表される.

$$L_{11} = \frac{2J_{ex}^2 k_B T}{\hbar} \int_{-\infty}^{\infty} \frac{d\omega}{2\pi} \frac{1}{\omega^2} \mathrm{Im}\chi \mathrm{Im}G, \tag{6.4.2}$$

$$L_{22} = 2J_{ex}^2 \hbar k_B T \int_{-\infty}^{\infty} \frac{d\omega}{2\pi} \frac{1}{\omega} \mathrm{Im}\chi \mathrm{Im}G, \tag{6.4.3}$$

$$L_{12} = L_{21} = 2J_{ex}^2 k_B T \int_{-\infty}^{\infty} \frac{d\omega}{2\pi} \frac{1}{\omega} \mathrm{Im}\chi \mathrm{Im}G. \tag{6.4.4}$$

これがスピンゼーベック効果とスピンペルチェ効果の相反関係を表す.

　また，スピンゼーベック係数 S_{SSE} を

$$J_s = S_{SSE} \Delta T,$$

スピンペルチェ係数 Π_{SPE} を

$$J_q = \Pi_{SPE} \delta\mu_S$$

とすると，相反関係から

$$\Pi_{\mathrm{SPE}} = T S_{\mathrm{SSE}} \tag{6.4.5}$$

が成り立つ．こうしてスピンゼーベック効果とスピンペルチェ効果が，オンサーガーの相反関係を満たすことが微視的に示され，またその帰結として熱スピン相互変換に関するケルビンの関係式 (6.4.5) が導かれた．

(6.4.5) 式は，熱電変換で知られるケルビンの関係式を熱スピン変換に拡張したものである．この関係式を用いることで，すでに多くの研究が蓄積されているスピンゼーベック係数から，スピンペルチェ係数が求められる．

第7章

スピンメカトロニクス

最近，物体の力学的回転運動とスピン角運動量との相互作用が注目され，スピントロニクスの機械的機能デバイスへの応用を視野に入れた「スピンメカトロニクス」への展開が始まっている．本章では，力学的回転運動とスピン角運動量との相互作用を示し，この効果が古くから知られているアインシュタイン−ドハース効果とバーネット効果の起源となっていることを述べる．また，最近の発展として，力学的回転運動とスピン角運動量との相互作用によるバーネット磁場の観測と，流体の運動を利用した「スピン流体発電」を紹介したい．

7.1　力学回転運動と角運動量

古典力学では回転場中においてコリオリ力が慣性力として働くことが知られている．回転場中を直線運動する物体に対しては，運動方向と垂直にコリオリ力が作用し運動の方向が曲げられる．力学的角運動量に対しては，図 7.1 (a) に示すように，回転場の回転軸と角運動量をそろえる方向にコリオリ力が作用する．これをハミルトニアンで書けば

$$H = -\boldsymbol{L} \cdot \boldsymbol{\Omega} \tag{7.1.1}$$

となる．ここで，$\boldsymbol{L}$ は角運動量，$\boldsymbol{\Omega}$ は回転場の角速度である．

量子的な物理量であるスピン角運動量 $\boldsymbol{S}$ に対しては，

$$H = -\boldsymbol{S} \cdot \boldsymbol{\Omega} \tag{7.1.2}$$

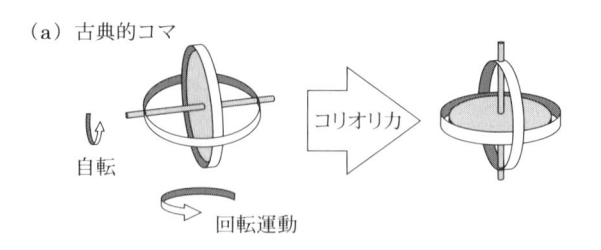

(a) 古典的コマ

コリオリ力

自転

回転運動

(b) 量子的スピン

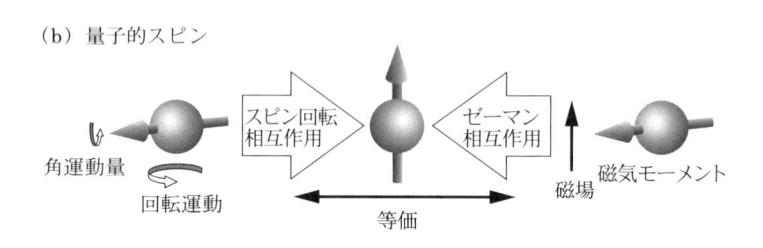

角運動量

回転運動

スピン回転
相互作用

ゼーマン
相互作用

等価

磁気モーメント

磁場

図 **7.1**　回転場中の (a) コマと (b) スピン.

と書かれるハミルトニアンが出てくる．これはスピン回転相互作用と呼ばれ，後で確認するように相対論的ディラック方程式から厳密に導出される．(7.1.2) 式は (7.1.1) 式の力学的角運動量 $\boldsymbol{L}$ をスピン角運動量 $\boldsymbol{S}$ に置き換えたものと同じであり，回転場中のスピン角運動量が回転場の回転軸方向に向くように慣性力が働く (図 7.1 (b)).

　このスピン回転相互作用であるが，(7.1.2) 式で磁気回転比 γ を書き出してやると，ゼーマン相互作用の形に記述することができる．

$$H = -(\gamma \boldsymbol{S}) \cdot (\boldsymbol{\Omega}/\gamma), \tag{7.1.3}$$

ここで，$\gamma \boldsymbol{S}$ は磁気モーメントであり，$\boldsymbol{\Omega}/\gamma$ が有効磁場となる．

　それでは，相対論的ディラック方程式からのスピン回転相互作用の導出を確認しよう．慣性系の電子は，以下の特殊相対論的ディラック方程式に従う．

$$\left[-ic\gamma^{\mu} \left(p_{\mu} - \frac{q}{c} A_{\mu} \right) + mc^2 \right] \Psi = 0, \tag{7.1.4}$$

ここで，c は光速，m は電子の質量，$q = -|e|$ は電子の電荷，

$$p_\mu = \left(-i\frac{\hbar}{c}\frac{\partial}{\partial t}, \boldsymbol{p}\right)$$

は 4 元運動量，$A_\mu = (-\phi, \boldsymbol{A})$ は電磁場の 4 元ポテンシャルである．また，Ψ は電子・陽電子それぞれのスピン状態を表す 4 成分のディラックスピノルである．クリフォード代数 γ^μ は反交換関係

$$\{\gamma^\mu, \gamma^\nu\} = 2\eta^{\mu\nu}, \quad (\mu, \nu = 0, 1, 2, 3)$$

を満たし，ディラック行列

$$\boldsymbol{\alpha} = \begin{pmatrix} 0 & \boldsymbol{\sigma} \\ \boldsymbol{\sigma} & 0 \end{pmatrix}, \quad \beta = \begin{pmatrix} I & 0 \\ 0 & -I \end{pmatrix}$$

を用いて，

$$\gamma^0 = i\beta, \quad \gamma^i = i\beta\alpha_i \quad (i = 1, 2, 3)$$

と書ける．ただし，I は 2×2 の単位行列，$\boldsymbol{\sigma}$ はパウリ行列，

$$\eta_{\mu\nu} = \eta^{\mu\nu} = \mathrm{diag}(-1, 1, 1, 1)$$

はローレンツ計量である．

　非慣性系である回転場中の電子を記述する相対論的ハミルトニアンを導出するには，一般座標変換に対して共変なディラック方程式から出発する必要がある．一般相対論的ディラック方程式は，

$$\left[-ic\gamma^\mu(x)\left(p_\mu - \frac{q}{c}A_\mu(x) - \Gamma_\mu(x)\right) + mc^2\right]\Psi(x) = 0 \tag{7.1.5}$$

として，スピン接続 $\Gamma_\mu(x)$ を用いて書き下せる．ここで，曲がった時空上の座標 $x = (ct, \boldsymbol{r})$ でのクリフォード代数 $\gamma^\mu(x)$ は反交換関係

$$\{\gamma^\mu(x), \gamma^\nu(x)\} = 2g^{\mu\nu}(x)$$

を満たす．ここでは，角速度 $\boldsymbol{\Omega}(t)$ で回転する剛体回転系を考えて，まずは反変計量テンソル $g^{\mu\nu}(x)$ の導出を行う．

　実験室系 $x' = (ct', \boldsymbol{r}')$ と剛体回転系 $x = (ct, \boldsymbol{r})$ は，変換則

$$d\boldsymbol{r}' = d\boldsymbol{r} + (\boldsymbol{\Omega}(t) \times \boldsymbol{r})dt, \tag{7.1.6}$$

$$dt' = dt \tag{7.1.7}$$

で結びついており，剛体回転系での共変計量テンソルは世界間隔 ds^2 を用いて，

$$g_{\mu\nu}(x)dx^\mu dx^\nu = ds^2 = -c^2 dt'^2 + d\boldsymbol{r}'^2 \tag{7.1.8}$$

と表されるから，

$$g_{\mu\nu}(x)dx^\mu dx^\nu = [-c^2 + (\boldsymbol{\Omega}(t) \times \boldsymbol{r})^2]dt^2 + d\boldsymbol{r}^2 + 2(\boldsymbol{\Omega}(t) \times \boldsymbol{r})dt \cdot d\boldsymbol{r} \tag{7.1.9}$$

より，

$$g_{00}(x) = -1 + (\boldsymbol{u}(x)/c)^2, \tag{7.1.10}$$

$$g_{ij}(x) = \delta_{ij}, \tag{7.1.11}$$

$$g_{0i}(x) = g_{i0}(x) = u_i(x)/c, \tag{7.1.12}$$

ここで，$\boldsymbol{u}(x) = \boldsymbol{\Omega}(t) \times \boldsymbol{r}$ とおき，$i,j = 1,2,3$ である．共変計量テンソルと反変計量テンソルは，

$$g_{\mu\nu}(x)g^{\nu\lambda}(x) = g^{\mu\nu}(x)g_{\nu\lambda}(x) = \delta_\mu^\lambda \tag{7.1.13}$$

の関係があるので，反変計量テンソルは，

$$g^{00}(x) = -1, \tag{7.1.14}$$

$$g^{ij}(x) = \delta_{ij} - u_i(x)u_j(x)/c^2, \tag{7.1.15}$$

$$g^{0i}(x) = g^{i0}(x) = u_i(x)/c \tag{7.1.16}$$

となる．

よって，剛体回転系でのクリフォード代数は，

$$\gamma^0(x) = i\beta, \tag{7.1.17}$$

$$\gamma^i(x) = i\beta(\alpha_i - u_i(x)/c) \tag{7.1.18}$$

である．

一般相対論的ディラック方程式 (7.1.5) に現れるスピン接続 $\Gamma_\mu(x)$ は，曲がった時空上でのディラックスピノルの従う局所的なローレンツ変換則からきている．具体的な導出はスピン回転相互作用を導いている最近の論文 [37] や解説 [38] を参照してもらうことにし，ここでは，剛体回転系でのスピン接続の結果だけを示すことにする．

$$\Gamma_0(x) = \boldsymbol{\Omega}(t) \cdot \boldsymbol{\Sigma}/c, \tag{7.1.19}$$

$$\Gamma_i(x) = 0, \tag{7.1.20}$$

ここで，

$$\boldsymbol{\Sigma} = \frac{\hbar}{4i} \boldsymbol{\alpha} \times \boldsymbol{\alpha} = \frac{\hbar}{2} \begin{pmatrix} \boldsymbol{\sigma} & 0 \\ 0 & \boldsymbol{\sigma} \end{pmatrix} \tag{7.1.21}$$

である．

これらを用いて，(7.1.5) 式を

$$i\hbar \frac{\partial \Psi}{\partial t} = H\Psi$$

の形に書き直すと，ディラックハミルトニアンは，

$$H = \beta mc^2 + c\boldsymbol{\alpha} \cdot \boldsymbol{\pi} + q\phi - \boldsymbol{\Omega} \cdot (\boldsymbol{r} \times \boldsymbol{\pi} + \boldsymbol{\Sigma}) \tag{7.1.22}$$

となる．ここで，$\boldsymbol{\pi} = \boldsymbol{p} - (q/c)\boldsymbol{A}$ である．このハミルトニアンの最終項

$$-\boldsymbol{\Sigma} \cdot \boldsymbol{\Omega}$$

が回転場中の電子と陽電子のスピン回転相互作用を与える．

ここで，スピン軌道相互作用の導出過程と同様に，陽電子の自由度を消去して，電子の低エネルギー有効理論を導く．ディラックハミルトニアン (7.1.22) 式を質量の逆数，$1/m$, で展開すると，$1/m$ のオーダーでは，

$$H^{(1/m)} = \frac{1}{2m}\boldsymbol{\pi}^2 + q\phi + \mu_{\mathrm{B}}\boldsymbol{\sigma} \cdot \boldsymbol{B} - \boldsymbol{L} \cdot \boldsymbol{\Omega} - \boldsymbol{S} \cdot \boldsymbol{\Omega} \tag{7.1.23}$$

が得られる．ここで，

$$\mu_B = q\hbar/2m, \quad \boldsymbol{L} = \boldsymbol{r} \times \boldsymbol{\pi}, \quad \boldsymbol{S} = (\hbar/2)\boldsymbol{\sigma}$$

であり，最終項がスピン回転相互作用を与える．なお，スピン軌道相互作用は $1/m^2$ のオーダーのハミルトニアン，

$$H^{(1/m^2)} = \frac{q\lambda}{2\hbar}\boldsymbol{\sigma} \cdot (\boldsymbol{\pi} \times \boldsymbol{E}' - \boldsymbol{E}' \times \boldsymbol{\pi}) - \frac{q\lambda}{2}\boldsymbol{\nabla} \cdot \boldsymbol{E}' \tag{7.1.24}$$

の第 1 項として出てくる．ここで，$\lambda = \hbar^2/4m^2c^2$，

$$\boldsymbol{E}' = \boldsymbol{E} + (\boldsymbol{\Omega} \times \boldsymbol{r}) \times \boldsymbol{B} \tag{7.1.25}$$

であり，スピン軌道相互作用に効いてくる有効電場が，回転場により変更を受けることに注意が必要である．

7.2　アインシュタイン–ドハース効果とバーネット効果

　19 世紀には磁性はミクロな円電流がアンペールの法則によって作る微小磁場の集まりだと考えられていた．電子が円運動しているのならば角運動量を持つため，磁性体の回転運動と磁性体内部の電子の円運動との間には相互作用があるはずである．これを量子論で電子スピンの概念が誕生するより前の 1915 年に実証したのがアインシュタインとドハースである．彼らはつるした磁性体に磁場を印加した．外部磁場により磁気モーメントがそろうと，電子の円運動による角運動量がそろうことになるので，物体の持つ角運動量は増加する．物体の始状態が静止していれば，角運動量保存則によって増加した分の角運動量を相殺する方向にマクロな物体が回転する (図 7.2)．これがアインシュタイン–ドハース効果である．アインシュタイン–ドハース効果の実験は，当初，鉄やニッケル等の強磁性体で行われたが，その後，常磁性体でも実証されている．

　アインシュタイン–ドハース効果が観測されたのと同じ 1915 年，これとは逆の発想で磁性体の持つ角運動量の変換を実験的に証明したのがバーネットである．バーネットは磁性体を高速で回転すれば，電子の円運動による角運動量が磁性体の回転に応答して回転軸方向にそろうと考えた (図 7.3)．電子の角運動量がそろうということは磁気モーメントがそろうということであるから，マクロな磁化も

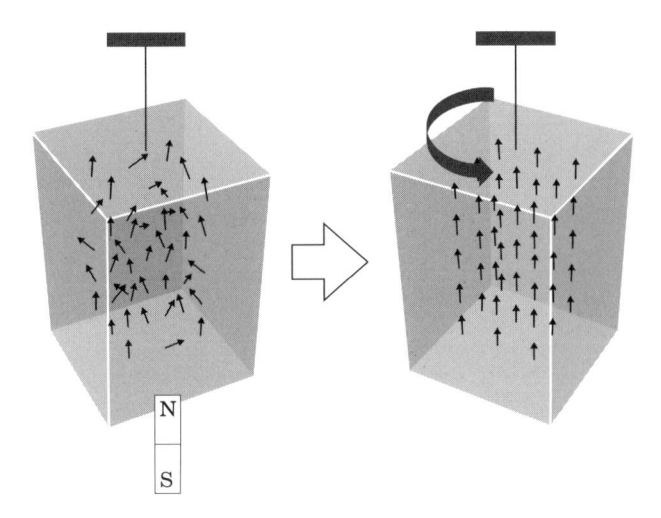

図 **7.2** アインシュタイン–ドハース効果の模式図．磁性体をつるして外部磁場をかけると磁化が磁場方向にそろう．このとき変化したスピン角運動量を打ち消すように力学的角運動量が生じ，回転運動が始まる．

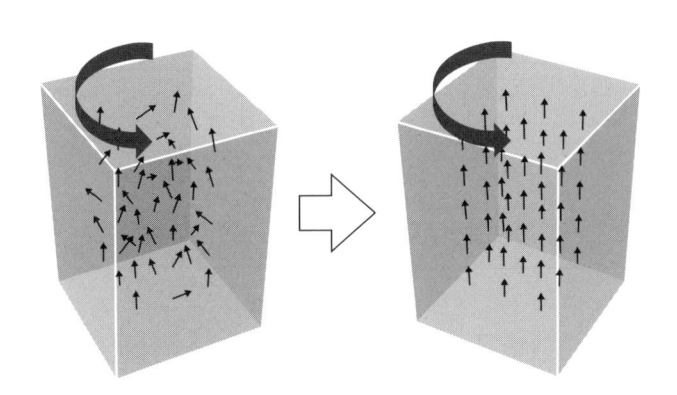

図 **7.3** バーネット効果の模式図．ランダムな方向を向いた磁化 0 の状態の磁性体を回転させると，スピンは回転軸方向にそろい，磁性体は磁化する．

変化する. バーネットは鉄の棒を回転することによって生じる磁化の変化を捉えることに成功し, 電子の g 因子がおよそ 2 であることをつきとめた. これは, 前節での計算のように, 特殊相対論的ディラック方程式によって電子の g 因子が 2 であることが示される以前のことである.

アインシュタイン–ドハース効果とバーネット効果は, 回転による力学的角運動量と磁性の起源である電子の円運動による角運動量の変換と考えられていた. しかし, 磁性を担っているのが電子スピンであることが理解された現代においては, 一般相対論的ディラック方程式から導出されるスピン回転相互作用による, スピン角運動量と力学回転の相互作用として解釈されるべき現象である.

7.3 バーネット磁場の観測

バーネット効果をスピン回転相互作用の帰結として考えれば, 回転によって回転軸方向に有効磁場 (バーネット磁場) が生じているとの見方ができるが, バーネット磁場そのものの直接観測は最近まで実現していなかった. ここで, 最近の発展として, NMR 測定によりバーネット磁場を観測することで, (7.1.2) 式のスピン回転相互作用を定量的に実証した実験を紹介しておく [39, 40]. 実験では試料と NMR の信号検出器を同時に回転させながら, 試料内部の核スピンの共鳴スペクトルを測定することで, NMR 共鳴ピークのシフトとしてバーネット磁場を観測することに成功している. 外部磁場 H_0 は回転軸と平行に印加する. 回転によって生じるバーネット磁場

$$H_\Omega = \Omega/\gamma$$

は回転軸と平行または反平行であるため, 原子核が感じる内部磁場 H_n は,

$$H_\mathrm{n} = H_0 + H_\Omega \tag{7.3.1}$$

となる. 回転角速度 Ω を変化させると H_Ω が変化するので, NMR 共鳴ピークのシフトが観測されるのである.

静止系での核スピンの共鳴ピークの位置は, ラーモア周波数 $\omega_\mathrm{L} = |\gamma H_0|$ で与えられる. 角速度 Ω で回転する系では, バーネット磁場により共鳴ピークの位

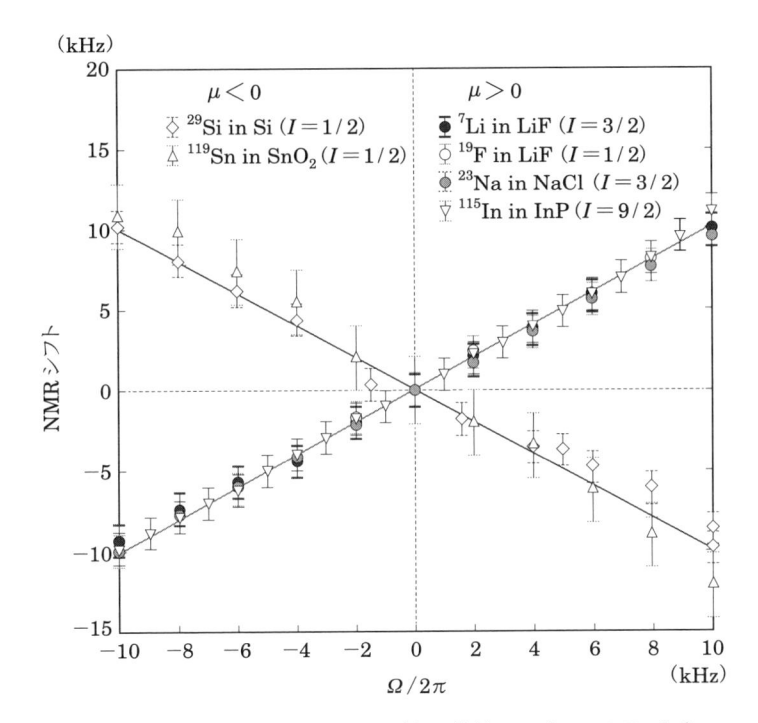

図 **7.4** 実験で観測されたさまざまな核種における NMR 共鳴ピークのラーモア周波数からのシフトと回転周波数の関係 [39, 40]. I は核スピンの大きさを表す.

置は,

$$\omega = |\gamma(H_0 + H_\Omega)| = |\gamma H_0 + \Omega| \tag{7.3.2}$$

と変更を受ける. 実験では $\omega_{\rm L} \sim {\rm MHz}$, $\Omega \sim {\rm kHz}$ と, $\omega_{\rm L} > \Omega$ であるので,

$$\omega = \omega_{\rm L} + {\rm sgn}(\gamma)\Omega \tag{7.3.3}$$

と, 磁気回転比 γ の符号に応じて, ラーモア周波数から回転角速度と同じだけ共鳴周波数がシフトすることが期待される. 実際に, 実験によって図 7.4 の角速度と NMR 共鳴ピークのラーモア周波数からのシフトの関係が観測されている. 核磁気モーメントが正 ($\mu > 0$) の核種 (本書では $\gamma > 0$) では, 共鳴ピークのシフ

トは傾き 1 で回転周波数に比例しており，回転方向を逆にすることで NMR シフトの符号が変わることも確認できる．さらに，核磁気モーメントが負 ($\mu < 0$) の核種では，NMR シフトが傾き -1 で回転周波数に比例することも確認できる．このようにして，バーネット磁場が

$$H_\Omega = \Omega/\gamma$$

であること，すなわち，スピン回転相互作用が (7.1.2) 式で与えられることが定量的に実証された．

　オリジナルのバーネット効果は電子スピンのスピン回転相互作用を利用していたが，ここで紹介した実験では核スピンのスピン回転相互作用を観測している．核スピンの磁気回転比は電子スピンのものと比べて 3 桁程度小さいため，電磁気力を介したスピンとの相互作用を考えると，核スピンの磁気モーメント γS の影響は小さくなる．一方で，スピン回転相互作用はスピン角運動量の大きさで相互作用の強さが決まる普遍的な現象を示す．このため，スピン回転相互作用は，次章で紹介するように，核スピンをスピントロニクスの舞台で利用する可能性を拓くものである．

7.4　スピン流体発電

　空間的に変化する磁場中をスピンが通過すると，スピンは磁場勾配に沿って力を受け，スピンの符号によって作用する力の方向は反転する．これはシュテルン–ゲルラッハ効果として知られ，その起源はゼーマン相互作用

$$H_Z = \gamma \boldsymbol{S} \cdot \boldsymbol{H}(\boldsymbol{r})$$

の勾配をとって得られるスピン依存力

$$F_i = -\gamma S_j \boldsymbol{\nabla}_i H_j(\boldsymbol{r})$$

である．ゼーマン相互作用とスピン回転相互作用

$$H = -\boldsymbol{S} \cdot \boldsymbol{\Omega}(\boldsymbol{r})$$

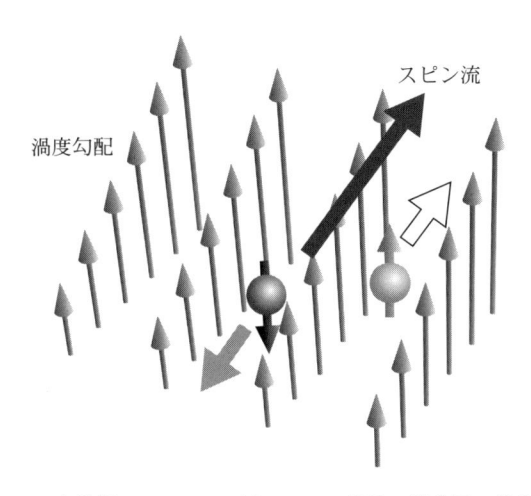

図 **7.5** 力学版シュテルン–ゲルラッハ効果の模式図．渦度勾配に沿って上向きスピンと下向きスピンが互いに逆向きに進み，スピン流が生成される．

の類似性から，空間的に変化する回転の生じている物質中をスピンが通過すると，

$$F_i = S_j \boldsymbol{\nabla}_i \varOmega_j(\boldsymbol{r}) \tag{7.4.1}$$

によって，角速度勾配に沿った方向に対して上向きスピンと下向きスピンが互いに逆方向に進みスピン流が生成される．これは力学版シュテルン–ゲルラッハ効果によるスピン流生成である (図 7.5)．

　角速度勾配が作られる一例に流体運動がある [41]．流体素片の速度場を $\boldsymbol{u}(\boldsymbol{r})$ とするとき，局所回転運動の角速度 $\varOmega(\boldsymbol{r})$ は渦度

$$\boldsymbol{\omega}(\boldsymbol{r}) \equiv \boldsymbol{\nabla} \times \boldsymbol{u}(\boldsymbol{r})$$

を用いて

$$\varOmega(\boldsymbol{r}) = \boldsymbol{\omega}(\boldsymbol{r})/2$$

と表すことができる．実験室系 $x' = (ct', \boldsymbol{r}')$ と流体上の非慣性系 $x = (ct, \boldsymbol{r})$ は，変換則

$$dr' = dr + u(r)dt, \tag{7.4.2}$$

$$dt' = dt \tag{7.4.3}$$

で結びついているので，速度場の発散 $\nabla \cdot u(r)$ がないとして，7.1 節と同様の議論を行えば，スピン回転相互作用が

$$H = -S \cdot \omega(r)/2 \tag{7.4.4}$$

であることが導ける．

　スピン回転相互作用 (7.4.4) 式を利用すると，細管に粘性流体を流すだけでスピン流生成が可能である．非圧縮性の粘性流体はナビエ–ストークス (Navier–Stokes) 方程式に従う．

$$\frac{\partial u}{\partial t} + (u \cdot \nabla)u = -\frac{1}{\rho}\nabla p + \frac{\eta}{\rho}\nabla^2 u \tag{7.4.5}$$

ここで，ρ は流体密度，η は粘性係数，p は流体にかかる圧力を表す．半径 R の細管中の流れを考えることにし，ナビエ–ストークス方程式の長さを $2R$, 時間を平均流速 $\bar{u}$ を用いて $2R/\bar{u}$ で無次元化すると，

$$\frac{\partial \tilde{u}}{\partial \tilde{t}} + (\tilde{u} \cdot \tilde{\nabla})\tilde{u} = -\tilde{\nabla}\tilde{p} + \frac{1}{Re}\tilde{\nabla}^2\tilde{u} \tag{7.4.6}$$

となる．$\tilde{p} = p/(\rho\bar{u}^2)$ は無次元化した圧力，

$$Re = \frac{2R\rho\bar{u}}{\eta} \tag{7.4.7}$$

はレイノルズ (Reynolds) 数である．ある圧力勾配 $\tilde{\nabla}\tilde{p}$ の下での流体の運動は，レイノルズ数を唯一のパラメータとする (7.4.6) 式から決定される．円筒座標 (r, z) を用いて，管壁で流速がゼロとなる通常の境界条件，

$$u(r = R, z) = 0$$

を課すと，圧力勾配 dp/dz の下で，レイノルズ数が小さい場合には，

$$u_z(r) = u_0\left[1 - \left(\frac{r}{R}\right)^2\right] \tag{7.4.8}$$

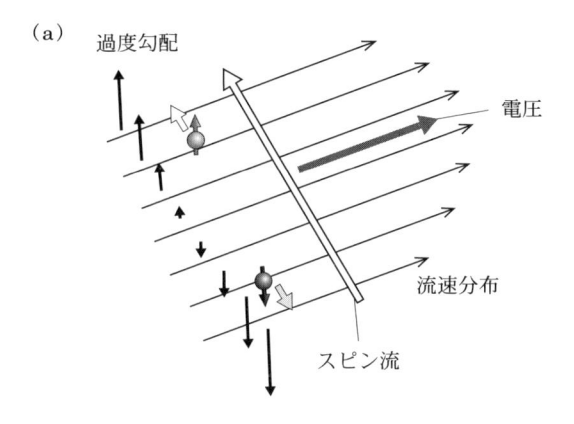

(a) 過度勾配 電圧 流速分布 スピン流

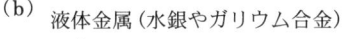

(b) 液体金属（水銀やガリウム合金） 石英菅 圧力

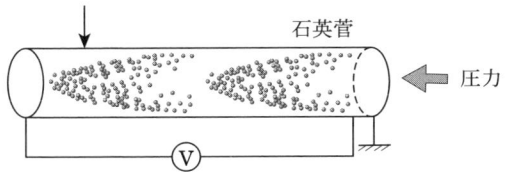

図 **7.6** （a) 細管流によるスピン流生成の模式図．管の中心から管壁に向かって流速は小さくなり，渦度勾配が生じる．温度勾配に沿って生成されたスピン流は，液体金属中の逆スピンホール効果によって電圧に変換される．(b) スピン流体発電を確認した実験系 [42] の模式図．石英管に液体金属を封入し圧力をかけて流体運動を作り，管の両端に生じる電圧を測定する．

の流速で表されるハーゲン–ポアズイユ (Hagen–Poiseuille) 流が実現される．ここで，最大流速は

$$u_0 = -\frac{R^2}{4\eta}\frac{dp}{dz} \tag{7.4.9}$$

で与えられる．このとき，渦度は方位角成分のみが有限となり，

$$\omega_\phi(r) = \frac{2u_0}{R^2}r \tag{7.4.10}$$

となる．渦度の方位角成分が動径方向に一様な勾配を持っているので，方位角方向に偏極したスピン流が動径方向へと流れることになる．レイノルズ数が大きい場合には乱流状態となり，細管の中心付近では流速はあまり変化せず，管壁付近で流速が急激に小さくなる．この場合にも，渦度の方位角成分が動径方向に勾配を持つので，方位角方向に偏極した動径方向へのスピン流が生成されることになる．

スピン流が実際に生成されていることも液体金属である水銀やガリウム合金を用いた実験で確認されている [42]．水銀やガリウム合金は比較的原子番号の大きな元素で構成されており，スピン軌道相互作用による逆スピンホール効果が存在する．図 7.6 に示すように，細管に流した液体金属中で動径方向に生成されたスピン流は，液体金属中のスピン軌道相互作用によって，液体金属の流速方向への電流に変換される．管の両端の電圧が検出されており，スピン流生成の証拠となっている．

このように，流体運動からスピン流を媒介として電気エネルギーを取り出す新しい発電法である「スピン流体発電」が実現されている．スピン流体発電は固体物質だけでなく，液体物質もスピントロニクスに利用できることを示している．

第8章

ヘリウム核スピン流

　前章で，核スピンと剛体回転との結合が，NMR共鳴ピークのラーモア周波数からのシフトとして観測されていることを紹介した．本章では，核スピンのスピントロニクスでの利用の一つとして提案されている，ヘリウム核スピンのスピン流生成について紹介する．基本的なアイデアはスピン流体発電と同様に，液体ヘリウム3を流すことで生じる渦度勾配を利用して，ヘリウム3の核スピン流を発生させることにある．液体ヘリウム3の物性が定量的にもよく理解されているため，理論と実験を直接比較することができる基礎研究の舞台として非常に有用である．

8.1　液体ヘリウム3

　ヘリウム3はヘリウム4の同位体として自然界にわずかにだけ存在している．ヘリウム3原子は陽子2個，中性子1個，電子2個から構成されるフェルミ粒子で，核スピン1/2を持っている．ヘリウムガスは単原子ガスであることからも分かるように，原子間に働く引力が弱い．また，原子の質量が小さいため，ゼロ点振動のエネルギーが重要となり，常圧では絶対零度まで固化しない量子液体となっている．ヘリウム3の温度・圧力相図は図8.1のようになっており，1972年に数mKの極低温で超流動相転移を示すことが発見されるまでは [43]，常流動状態でのフェルミ液体としての性質を中心に研究が進められてきた．ヘリウム3原子間には強いハードコア斥力が働くため，フェルミ液体として強相関効果を

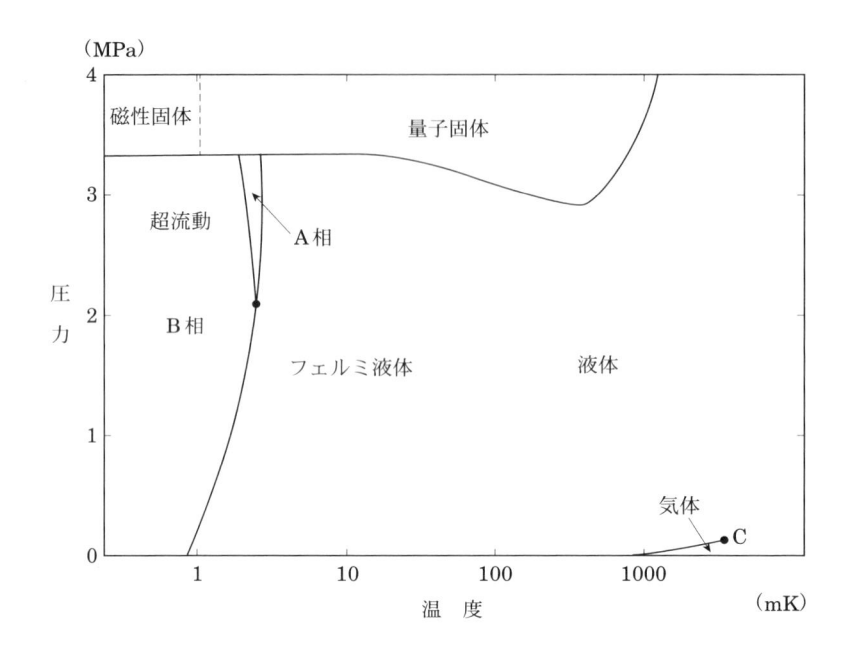

図 **8.1** ヘリウム 3 の温度・圧力相図.

扱う必要がある．まずは，常流動ヘリウム 3 を研究舞台として発展したフェルミ液体論について説明する．

8.2 フェルミ液体

相互作用をしているフェルミ粒子系を考えるとして，フェルミ粒子間の相互作用が十分に弱い場合には，理想フェルミ気体を出発点として低次の摂動計算を行えばよい．しかし，液体ヘリウム 3 のような強相関効果は摂動では取り扱うことができない．このような強相関系を扱える現象論としてランダウが導入したのがフェルミ液体の考え方である．

理想気体の状態は一粒子状態で記述することができるが，粒子間に相互作用が働いていると一粒子状態はよい量子状態ではなくなる．しかしここで，相互作用の強さがゼロの理想気体から現実のフェルミ粒子系まで，相互作用を少しずつ強

くすることで到達したとする．この仮想的な過程において，相転移などの不連続な状態変化がなければ，理想気体と相互作用するフェルミ粒子系を関係づけることができる．1つの粒子に注目してこの過程を考えると，粒子は相互作用が強くなるにつれて，周りの粒子の状態を少しずつ変化させるとみなせる．つまり，理想気体での一粒子状態は周りの変化を伴った準粒子 (quasiparticle) 状態になる．このとき，一粒子状態と準粒子状態の間には1対1の対応関係がつけられる．粒子間の相互作用が運動量とスピンを保存する相互作用であれば，フェルミ液体も理想気体と同様に，系の状態は運動量 $\boldsymbol{p}=\hbar\boldsymbol{k}$ とスピン σ で指定される準粒子分布，

$$n_{\boldsymbol{k}\sigma}=\frac{1}{\exp[(\epsilon_{\boldsymbol{k}\sigma}-\mu)/k_{\mathrm{B}}T)]+1}, \tag{8.2.1}$$

で記述される．

準粒子エネルギー $\epsilon_{\boldsymbol{k}\sigma}$ は非占有状態 $(\boldsymbol{k},\sigma)$ に準粒子を付け加えたときに増加する系の全エネルギーとして定義され，

$$|\epsilon_{\boldsymbol{k}\sigma}-\mu|\ll\mu$$

であるフェルミ面近傍の準粒子を考えれば，

$$\epsilon_{\boldsymbol{k}\sigma}=\mu+\hbar\boldsymbol{v}_{\mathrm{F}}\cdot(\boldsymbol{k}-\boldsymbol{k}_{\mathrm{F}}),$$
$$\boldsymbol{v}_{\mathrm{F}}\equiv\frac{1}{\hbar}\frac{\partial\epsilon_{\boldsymbol{k}\sigma}}{\partial\boldsymbol{k}}\bigg|_{k=k_{\mathrm{F}}}=\hbar\frac{\boldsymbol{k}_{\mathrm{F}}}{m^*}, \tag{8.2.2}$$

と記述される．準粒子のフェルミ速度 $\boldsymbol{v}_{\mathrm{F}}$ は，粒子の質量 m ではなく，粒子間相互作用の影響を含めた有効質量 m^* で与えられる．ここで，μ は化学ポテンシャルであり，温度 $T=0$ ではフェルミエネルギー ϵ_{F} に等しい．準粒子を付け加えた状態はエネルギーの固有状態ではなく，有限の寿命を持つことに注意が必要である．寿命は，

$$\tau\propto(\epsilon_{\boldsymbol{k}\sigma}-\mu)^{-2}$$

に比例しており，フェルミ面近傍の準粒子で長く，準粒子の概念が成立する．有限温度では，フェルミ面近傍の $k_{\mathrm{B}}T$ 程度のエネルギー幅で準粒子が励起される

ので，準粒子間の散乱による寿命は，

$$\tau \propto T^{-2}$$

である．

　励起状態の準粒子としての描像は，フェルミ面近傍の励起に対してのみ成立するので，励起状態は準粒子分布 $n_{\boldsymbol{k}\sigma}(\boldsymbol{r},t)$ の基底状態での分布 $n_{\boldsymbol{k}\sigma}^0(\boldsymbol{r},t)$ からのわずかなずれ，

$$\delta n_{\boldsymbol{k}\sigma}(\boldsymbol{r},t) = n_{\boldsymbol{k}\sigma}(\boldsymbol{r},t) - n_{\boldsymbol{k}\sigma}^0(\boldsymbol{r},t) \tag{8.2.3}$$

によって記述できる．励起状態の準粒子のエネルギーは，周りの準粒子による相互作用を考慮する必要がある．励起状態の系のエネルギーを δn の 2 次まで展開して書き下すと，

$$E = E_0 + \sum_{\boldsymbol{k}\sigma} \epsilon_{\boldsymbol{k}\sigma} \delta n_{\boldsymbol{k}\sigma} + \frac{1}{2} \sum_{\boldsymbol{k}\sigma \boldsymbol{k}'\sigma'} f_{\boldsymbol{k}\sigma,\boldsymbol{k}'\sigma'} \delta n_{\boldsymbol{k}\sigma} \delta n_{\boldsymbol{k}'\sigma'} \tag{8.2.4}$$

と表される．ここで，E_0 は基底状態のエネルギーであり，δn の 1 次の項は準粒子が 1 個のみ励起されたときのエネルギー変化，δn の 2 次の項は準粒子間の相互作用エネルギーと解釈でき，$f_{\boldsymbol{k}\sigma,\boldsymbol{k}'\sigma'}$ が $(\boldsymbol{k},\sigma)$ 状態と $(\boldsymbol{k}',\sigma')$ 状態の準粒子に働く有効相互作用を記述する．よって，準粒子の励起エネルギーは

$$\tilde{\epsilon}_{\boldsymbol{k}\sigma} = \delta E / \delta n_{\boldsymbol{k}\sigma}$$

で与えられ，準粒子 1 個のみの励起エネルギーとの差は

$$\delta \epsilon_{\boldsymbol{k}\sigma} \equiv \tilde{\epsilon}_{\boldsymbol{k}\sigma} - \epsilon_{\boldsymbol{k}\sigma}$$
$$= \sum_{\boldsymbol{k}'\sigma'} f_{\boldsymbol{k}\sigma,\boldsymbol{k}'\sigma'} \delta n_{\boldsymbol{k}'\sigma'} \tag{8.2.5}$$

となる．

　準粒子間の有効相互作用 $f_{\boldsymbol{k}\sigma,\boldsymbol{k}'\sigma'}$ はフェルミ液体相互作用と呼ばれ，系が時間反転対称性と空間反転対称性を持つ場合には，

$$f_{\boldsymbol{k}\sigma,\boldsymbol{k}'\sigma'} = f_{-\boldsymbol{k}\bar{\sigma},-\boldsymbol{k}'\bar{\sigma}'} = f_{-\boldsymbol{k}\sigma,-\boldsymbol{k}'\sigma'} \tag{8.2.6}$$

の関係が成り立ち，

$$f_{\boldsymbol{k}\uparrow,\boldsymbol{k}'\uparrow}=f_{\boldsymbol{k}\downarrow,\boldsymbol{k}'\downarrow}, \quad f_{\boldsymbol{k}\uparrow,\boldsymbol{k}'\downarrow}=f_{\boldsymbol{k}\downarrow,\boldsymbol{k}'\uparrow}$$

を満たす．よって，(8.2.5) 式は，

$$\delta\epsilon_{\boldsymbol{k}\uparrow}+\delta\epsilon_{\boldsymbol{k}\downarrow}=\sum_{\boldsymbol{k}'}f^{\mathrm{s}}_{\boldsymbol{k},\boldsymbol{k}'}(\delta n_{\boldsymbol{k}'\uparrow}+\delta n_{\boldsymbol{k}'\downarrow}),$$

$$\delta\epsilon_{\boldsymbol{k}\uparrow}-\delta\epsilon_{\boldsymbol{k}\downarrow}=\sum_{\boldsymbol{k}'}f^{\mathrm{a}}_{\boldsymbol{k},\boldsymbol{k}'}(\delta n_{\boldsymbol{k}'\uparrow}-\delta n_{\boldsymbol{k}'\downarrow}) \tag{8.2.7}$$

と，フェルミ液体相互作用のスピンに対称な成分，および，スピンに反対称な成分，

$$f^{\mathrm{s}}_{\boldsymbol{k},\boldsymbol{k}'}\equiv f_{\boldsymbol{k}\uparrow,\boldsymbol{k}'\uparrow}+f_{\boldsymbol{k}\uparrow,\boldsymbol{k}'\downarrow},$$

$$f^{\mathrm{a}}_{\boldsymbol{k},\boldsymbol{k}'}\equiv f_{\boldsymbol{k}\uparrow,\boldsymbol{k}'\uparrow}-f_{\boldsymbol{k}\uparrow,\boldsymbol{k}'\downarrow} \tag{8.2.8}$$

を用いて書き直すことができる．

　準粒子描像はフェルミ面近傍で成り立つので，

$$|\boldsymbol{k}|=|\boldsymbol{k}'|=k_{\mathrm{F}}$$

として，等方的な系を考えると $f^{\mathrm{s(a)}}_{\boldsymbol{k},\boldsymbol{k}'}$ は $\boldsymbol{k}$ と $\boldsymbol{k}'$ の間の角度 θ のみの関数となり，以下のように部分波に展開できる．

$$f^{\mathrm{s(a)}}_{\boldsymbol{k},\boldsymbol{k}'}=N_{\mathrm{F}}^{-1}\sum_{l}F^{\mathrm{s(a)}}_{l}P_{l}(\cos\theta), \tag{8.2.9}$$

ここで，

$$P_{l}(x)=\frac{1}{2^{l}l!}\frac{d^{l}}{dx^{l}}(x^{2}-1)^{l}$$

はルジャンドルの多項式であり，低次の数項は，

$$P_{0}(\cos\theta)=1, \quad P_{1}(\cos\theta)=\cos\theta, \quad P_{2}(\cos\theta)=\frac{1}{2}(3\cos^{2}\theta-1)$$

と書き下せる．このようにフェルミ液体相互作用は，フェルミ面での状態密度 N_{F} を用いて無次元化したパラメータ（ランダウパラメータ）$F^{\mathrm{s(a)}}_{l}$ で記述される．

フェルミ液体の物理量がランダウパラメータを用いてどのように記述されるか，以下でいくつかの例を示す．

(1) 帯磁率

　まず，$T=0$ での帯磁率を考える．準粒子の磁気モーメントを μ_0 とすると，強さ H の磁場方向のスピンを持った準粒子のエネルギーは，

$$\tilde{\epsilon}_{\boldsymbol{k}\uparrow}=\epsilon_{\boldsymbol{k}}-\mu_0 H+\delta\epsilon_{\boldsymbol{k}\uparrow}$$

である．磁場により全粒子数分布は変化せず，

$$\delta n_{\boldsymbol{k}\uparrow}+\delta n_{\boldsymbol{k}\downarrow}=0$$

であるので，(8.2.7) 式より，$\delta\epsilon_{\boldsymbol{k}\uparrow}=-\delta\epsilon_{\boldsymbol{k}\downarrow}$ である．よって，

$$\tilde{\epsilon}_{\boldsymbol{k}\uparrow}-\epsilon_{\boldsymbol{k}\uparrow}=-\mu_0 H+\sum_{\boldsymbol{k}'}f^{\mathrm{a}}_{\boldsymbol{k},\boldsymbol{k}'}\delta n_{\boldsymbol{k}'\uparrow}. \tag{8.2.10}$$

また，磁場による粒子数分布の変化は運動量方向に対して等方的であるので，

$$\tilde{\epsilon}_{\boldsymbol{k}\uparrow}-\epsilon_{\boldsymbol{k}\uparrow}=-\mu_0 H+N_{\mathrm{F}}^{-1}F^{\mathrm{a}}_0\delta n_\uparrow, \tag{8.2.11}$$

ここで，$\delta n_\sigma\equiv\sum_{\boldsymbol{k}}\delta n_{\boldsymbol{k}\sigma}$ は各スピンの粒子数密度の変化である．第 2 項は，磁場による粒子数密度の変化で生じる分子場の寄与であり，逆向きスピンの寄与も合わせると，

$$H_{\mathrm{m}}=-2\frac{F^{\mathrm{a}}_0}{N_{\mathrm{F}}\mu_0}\delta n_\uparrow \tag{8.2.12}$$

の分子場がかかっているとみなせる．この分子場の下で上向きスピンの粒子数密度は，

$$\delta n_\uparrow=\frac{N_{\mathrm{F}}}{2}\mu_0(H+H_{\mathrm{m}})=\frac{N_{\mathrm{F}}}{2}\mu_0\left(H-2\frac{F^{\mathrm{a}}_0}{N_{\mathrm{F}}\mu_0}\delta n_\uparrow\right) \tag{8.2.13}$$

と変化する．これより，帯磁率は，

$$\chi=\mu_0\frac{\partial(n_\uparrow-n_\downarrow)}{\partial H}=\frac{N_{\mathrm{F}}\mu_0^2}{1+F^{\mathrm{a}}_0} \tag{8.2.14}$$

と得られる．$F_0^{\mathrm{a}}=0$ のときには，粒子間相互作用のない理想フェルミ気体の帯磁率と一致する．

(2) 圧縮率

$T=0$ での圧力 P は，体積 V, 粒子数 N での基底状態のエネルギー E_0 を用いて，

$$P=-\left(\frac{\partial E_0}{\partial V}\right)_N \tag{8.2.15}$$

と与えられる．圧縮率 κ は，

$$\kappa \equiv -\frac{1}{V}\frac{\partial V}{\partial P} \tag{8.2.16}$$

と定義されるので，

$$\kappa^{-1} = -V\frac{\partial P}{\partial V}$$

である．化学ポテンシャル，

$$\mu = \left(\frac{\partial E_0}{\partial N}\right)_V \tag{8.2.17}$$

を用いれば，

$$\kappa = \frac{1}{n^2}\frac{\partial n}{\partial \mu} \tag{8.2.18}$$

となる．ここで，$n=N/V$ は粒子数密度である．このように，圧縮率は化学ポテンシャルが変化したときの粒子数密度の応答を表している．

粒子数密度の変化がスピンに依らないことを考慮して，帯磁率と同様な計算を行うと，圧縮率はスピンに対称なランダウパラメータを用いて，

$$\kappa = \frac{1}{n^2}\frac{N_{\mathrm{F}}}{1+F_0^{\mathrm{s}}} \tag{8.2.19}$$

と与えられる．

(3) 有効質量

フェルミ液体の動的性質は，空間点 $\boldsymbol{r}$, 時間 t での準粒子分布 $n_{\boldsymbol{k}\sigma}(\boldsymbol{r},t)$ が従うボルツマン方程式：

$$\frac{\partial n_{\boldsymbol{k}\sigma}}{\partial t} + \frac{\partial \tilde{\epsilon}_{\boldsymbol{k}\sigma}}{\hbar \partial \boldsymbol{k}} \cdot \boldsymbol{\nabla} n_{\boldsymbol{k}\sigma} - \boldsymbol{\nabla} \tilde{\epsilon}_{\boldsymbol{k}\sigma} \cdot \frac{\partial n_{\boldsymbol{k}\sigma}}{\hbar \partial \boldsymbol{k}} = I[n_{\boldsymbol{k}\sigma}] \tag{8.2.20}$$

により記述される．ここで，

$$\begin{aligned}
\tilde{\epsilon}_{\boldsymbol{k}\sigma}(\boldsymbol{r},t) &= \epsilon_{\boldsymbol{k}\sigma} + \delta\epsilon_{\boldsymbol{k}\sigma}(\boldsymbol{r},t) \\
&= \epsilon_{\boldsymbol{k}\sigma} + \sum_{\boldsymbol{k}'\sigma'} f_{\boldsymbol{k}\sigma,\boldsymbol{k}'\sigma'} \delta n_{\boldsymbol{k}'\sigma'}(\boldsymbol{r},t)
\end{aligned} \tag{8.2.21}$$

は局所的に変化する準粒子間の相互作用，(8.2.5) 式，を取り入れた準粒子エネルギーである．$I[n_{\boldsymbol{k}\sigma}]$ は準粒子同士の散乱に関する衝突積分であり，局所平衡状態への緩和を表す．

平衡状態での準粒子分布からのずれは小さいとして，

$$\delta n_{\boldsymbol{k}\sigma}(\boldsymbol{r},t) = n_{\boldsymbol{k}\sigma}(\boldsymbol{r},t) - n_{\boldsymbol{k}\sigma}^0$$

の 1 次までを考慮すると，ボルツマン方程式 (8.2.20) は，

$$\frac{\partial \delta n_{\boldsymbol{k}\sigma}}{\partial t} + \boldsymbol{v}_{\boldsymbol{k}\sigma} \cdot \boldsymbol{\nabla} \delta n_{\boldsymbol{k}\sigma} - \frac{\partial n_{\boldsymbol{k}\sigma}^0}{\partial \epsilon_{\boldsymbol{k}\sigma}} \boldsymbol{v}_{\boldsymbol{k}\sigma} \cdot \boldsymbol{\nabla} \delta \epsilon_{\boldsymbol{k}\sigma} = I[\delta n_{\boldsymbol{k}\sigma}] \tag{8.2.22}$$

となる．ここで，

$$\boldsymbol{v}_{\boldsymbol{k}\sigma} \equiv \frac{\partial \epsilon_{\boldsymbol{k}\sigma}}{\hbar \partial \boldsymbol{k}} = \frac{\boldsymbol{p}_\sigma}{m^*} \tag{8.2.23}$$

は準粒子速度であり，

$$\begin{aligned}
\frac{\partial n_{\boldsymbol{k}\sigma}^0}{\hbar \partial \boldsymbol{k}} &= \frac{\partial \epsilon_{\boldsymbol{k}\sigma}}{\hbar \partial \boldsymbol{k}} \frac{\partial n_{\boldsymbol{k}\sigma}^0}{\partial \epsilon_{\boldsymbol{k}\sigma}} \\
&= \boldsymbol{v}_{\boldsymbol{k}\sigma} \frac{\partial n_{\boldsymbol{k}\sigma}^0}{\partial \epsilon_{\boldsymbol{k}\sigma}}
\end{aligned} \tag{8.2.24}$$

を用いている．局所平衡状態の準粒子分布は，

$$n_{\boldsymbol{k}\sigma}^{\text{l.e.}}(\boldsymbol{r},t) = \left\{ \exp\left[\frac{\tilde{\epsilon}_{\boldsymbol{k}\sigma}(\boldsymbol{r},t) - \mu}{k_{\rm B} T} \right] + 1 \right\}^{-1} \tag{8.2.25}$$

と表されるので，局所平衡状態からの分布のずれ $\delta n'_{\boldsymbol{k}\sigma}$ は，$\delta n_{\boldsymbol{k}\sigma}$ の 1 次までで，

$$
\begin{aligned}
\delta n'_{\boldsymbol{k}\sigma}(\boldsymbol{r},t) &\equiv n_{\boldsymbol{k}\sigma}(\boldsymbol{r},t) - n_{\boldsymbol{k}\sigma}^{\text{l.e.}}(\boldsymbol{r},t) \\
&= n_{\boldsymbol{k}\sigma}(\boldsymbol{r},t) - \left[n_{\boldsymbol{k}\sigma}^0 + \frac{\partial n_{\boldsymbol{k}\sigma}^0}{\partial \epsilon_{\boldsymbol{k}\sigma}} \delta\epsilon_{\boldsymbol{k}\sigma}(\boldsymbol{r},t) \right] \\
&= \delta n_{\boldsymbol{k}\sigma}(\boldsymbol{r},t) - \frac{\partial n_{\boldsymbol{k}\sigma}^0}{\partial \epsilon_{\boldsymbol{k}\sigma}} \delta\epsilon_{\boldsymbol{k}\sigma}(\boldsymbol{r},t)
\end{aligned} \tag{8.2.26}
$$

である．またボルツマン方程式の衝突積分は局所平衡状態への緩和を表しており，$\delta n'_{\boldsymbol{k}\sigma}$ に依存しているので，(8.2.22) 式は，

$$
\frac{\partial \delta n_{\boldsymbol{k}\sigma}}{\partial t} + \boldsymbol{v}_{\boldsymbol{k}\sigma} \cdot \boldsymbol{\nabla} \delta n'_{\boldsymbol{k}\sigma} = I[\delta n'_{\boldsymbol{k}\sigma}] \tag{8.2.27}
$$

の表式に簡略化される．

　準粒子同士の散乱において準粒子数が保存される場合には，衝突積分はすべての運動量状態とスピンについて和をとるとゼロになる，すなわち，

$$
\sum_{\boldsymbol{k}\sigma} I[n_{\boldsymbol{k}\sigma}] = 0.
$$

この関係を用いて，(8.2.27) 式の運動量状態の和をとると，連続の方程式，

$$
\frac{\partial \delta n}{\partial t} + \boldsymbol{\nabla} \cdot \sum_{\boldsymbol{k}\sigma} \boldsymbol{v}_{\boldsymbol{k}\sigma} \delta n'_{\boldsymbol{k}\sigma} = 0 \tag{8.2.28}
$$

が導かれる．準粒子数

$$
n(\boldsymbol{r},t) = \sum_{\boldsymbol{k}\sigma} n_{\boldsymbol{k}\sigma}(\boldsymbol{r},t)
$$

の時間変化は，準粒子の流れの発散と対応しているので，準粒子流は，

$$
\boldsymbol{j}(\boldsymbol{r},t) = \sum_{\boldsymbol{k}\sigma} \boldsymbol{v}_{\boldsymbol{k}\sigma} \delta n'_{\boldsymbol{k}\sigma} \tag{8.2.29}
$$

である．準粒子とはだかの粒子との間には 1 対 1 の対応関係があるので，$\boldsymbol{j}(\boldsymbol{r},t)$ ははだかの粒子の流れでもある．質量流 $m\boldsymbol{j}(\boldsymbol{r},t)$ は，準粒子の運ぶ運動量に等しいので，

$$\sum_{\boldsymbol{k}\sigma} \boldsymbol{p}_\sigma \delta n_{\boldsymbol{k}\sigma} = m \sum_{\boldsymbol{k}\sigma} \boldsymbol{v}_{\boldsymbol{k}\sigma} \delta n'_{\boldsymbol{k}\sigma} \tag{8.2.30}$$

の関係がある. $\delta n'_{\boldsymbol{k}\sigma}$ に (8.2.26) 式を使うと,

$$\frac{\boldsymbol{p}_\sigma}{m} = \boldsymbol{v}_{\boldsymbol{k}\sigma} - \sum_{\boldsymbol{k}'\sigma'} f_{\boldsymbol{k}\sigma,\boldsymbol{k}'\sigma'} \frac{\partial n^0_{\boldsymbol{k}'\sigma'}}{\partial \epsilon_{\boldsymbol{k}'\sigma'}} \boldsymbol{v}_{\boldsymbol{k}'\sigma'} \tag{8.2.31}$$

が導かれる. $\boldsymbol{v}_{\boldsymbol{k}\sigma} = \boldsymbol{p}_\sigma/m^*$ を用いて,

$$\frac{\partial n^0_{\boldsymbol{k}\sigma}}{\partial \epsilon_{\boldsymbol{k}\sigma}} = -\delta(\epsilon_{\boldsymbol{k}\sigma} - \mu)$$

と近似すると,

$$\frac{m^*}{m} = 1 + \frac{F_1^{\mathrm{s}}}{3} \tag{8.2.32}$$

となり, 有効質量とランダウパラメータ F_1^{s} の関係が与えられる.

このように, フェルミ液体のさまざまな物理量はランダウパラメータを用いて記述できる. この関係を利用すれば, 物理量を測定することで, 粒子間相互作用の情報を得ることができる. 液体ヘリウム 3 においては, ランダウパラメータの値がさまざまな圧力下の実験結果より定量的に明らかにされている (表 8.1). ランダウパラメータは, 蒸気圧 ($P=0$) から融解圧 ($P=3.44$ MPa) までに大きく変化しているが, 粒子間相互作用が圧力に依存することはもっともなことである.

フェルミ液体の圧縮率は, 理想気体の圧縮率 κ_0 を用いて,

$$\kappa = \frac{\kappa_0}{1 + F_0^{\mathrm{s}}}$$

である. 液体ヘリウム 3 の F_0^{s} は 1 に比べて大きく, 高圧下ではさらに大きくなる. これは, 液体ヘリウム 3 が非圧縮性の流体であり, 高圧下では固体状態に近いことを意味している. また, フェルミ液体の帯磁率は, 理想気体の帯磁率 χ_0 を用いて,

$$\chi = \frac{\chi_0}{1 + F_0^{\mathrm{a}}}$$

である. 液体ヘリウム 3 の F_0^{a} は -1 に近く, 帯磁率は理想気体の数倍の大きさ

表 **8.1**　液体ヘリウム 3 において実験結果から得られたランダウパラメータの圧力依存性 [44]．ランダウパラメータは，蒸気圧 ($P=0$) から融解圧 ($P=3.44$ MPa) までに大きく変化する．V はモル体積，m^*/m は有効質量比を示す．

P(MPa)	$V(\text{cm}^3)$	m^*/m	F_1^{s}	F_0^{s}	F_0^{a}
0	36.84	2.80	5.39	9.30	-0.695
0.3	33.95	3.16	6.49	15.99	-0.723
0.6	32.03	3.48	7.45	22.49	-0.733
0.9	30.71	3.77	8.31	29.00	-0.742
1.2	29.71	4.03	9.09	35.42	-0.747
1.5	28.89	4.28	9.85	41.73	-0.753
1.8	28.18	4.53	10.60	48.46	-0.757
2.1	27.55	4.78	11.34	55.20	-0.755
2.4	27.01	5.02	12.07	62.16	-0.756
2.7	26.56	5.26	12.79	69.43	-0.755
3.0	26.17	5.50	13.50	77.02	-0.754
3.3	25.75	5.74	14.21	84.79	-0.755
3.44	25.50	5.85	14.56	88.47	-0.753

になる．

8.3　超流動ヘリウム 3

　図 8.1 の相図に示されるように，液体ヘリウム 3 は数 mK 以下の超低温において，A 相・B 相と呼ばれる超流動状態となっている．超流動状態では，核スピン 1/2 のヘリウム 3 準粒子 (フェルミ液体として相互作用を考慮したヘリウム 3 原子) がクーパー対を形成しており，電荷の有無の違いこそあるが，電子がクーパー対を形成する超伝導状態と本質的には同じ状態である．通常の BCS 超伝導体 (s 波超伝導体) との決定的な違いは，粒子間引力が運動量の方向依存性を持ち，スピン三重項状態のクーパー対を形成することである．スピンを持たないスピン一重項クーパー対とは異なり，スピン三重項クーパー対はスピンの担い手となり，スピントロニクスの観点からも興味深いので，まずはスピン三重項クー

パー対について確認しておく.

フェルミ粒子間に引力相互作用が働くと，フェルミ面までフェルミ粒子が詰まった状態は不安定となり，フェルミ粒子対の束縛状態が形成されることは，クーパー不安定性として知られている．対を形成するフェルミ粒子の位置座標，スピンを $(\boldsymbol{r}_1, \sigma_1)$, $(\boldsymbol{r}_2, \sigma_2)$ とすると，粒子対の波動関数は，

$$\Psi(\boldsymbol{r}_1, \boldsymbol{r}_2 ; \sigma_1, \sigma_2) = e^{i\boldsymbol{P} \cdot \frac{\boldsymbol{r}_1 + \boldsymbol{r}_2}{2}} \varphi(\boldsymbol{r}_1 - \boldsymbol{r}_2) \chi(\sigma_1, \sigma_2) \tag{8.3.1}$$

として，軌道状態とスピン状態に分離することができる．基底状態では，重心運動量 $\boldsymbol{P}$ はゼロであるので，軌道状態は相対座標のみの関数 $\varphi(\boldsymbol{r}_1 - \boldsymbol{r}_2)$ で表される．角運動量 $1/2$ の 2 粒子を合成したスピン状態は，全スピン角運動量 $S = 0$ のスピン一重項状態，

$$\chi_{\mathrm{s}}(\sigma_1, \sigma_2) = \frac{1}{\sqrt{2}} (|\uparrow\downarrow\rangle - |\downarrow\uparrow\rangle), \tag{8.3.2}$$

もしくは，$S = 1$ のスピン三重項状態となる．スピン三重項状態は S_z の値で分類され，$S_z = +1, 0, -1$ について，それぞれ，

$$\begin{aligned}
\chi_{\mathrm{t}+}(\sigma_1, \sigma_2) &= |\uparrow\uparrow\rangle, \\
\chi_{\mathrm{t}0}(\sigma_1, \sigma_2) &= \frac{1}{\sqrt{2}} (|\uparrow\downarrow\rangle + |\downarrow\uparrow\rangle), \\
\chi_{\mathrm{t}-}(\sigma_1, \sigma_2) &= |\downarrow\downarrow\rangle
\end{aligned} \tag{8.3.3}$$

と表される．ここで，フェルミ粒子対の波動関数は，粒子の交換に対して奇関数となるので，スピン一重項状態について $\varphi(\boldsymbol{r}_1 - \boldsymbol{r}_2)$ は偶関数，スピン三重項状態について $\varphi(\boldsymbol{r}_1 - \boldsymbol{r}_2)$ は奇関数である．

BCS 超伝導体のスピン一重項状態がフォノンを媒介にした電子間引力により形成されるのに対して，超流動ヘリウム 3 のスピン三重項状態は，スピンゆらぎを媒介にした引力で形成されると考えられている．準粒子間相互作用を一般化した BCS 有効ハミルトニアンは，生成，消滅演算子，$a_{\boldsymbol{k},\sigma}^{\dagger}$, $a_{\boldsymbol{k},\sigma}$ を用いた第二量子化表示で，

$$H = \sum_{\boldsymbol{k},\sigma} \xi_k a^\dagger_{\boldsymbol{k},\sigma} a_{\boldsymbol{k},\sigma} + \frac{1}{2} \sum_{\boldsymbol{k},\boldsymbol{k}'} \sum_{\alpha,\beta,\gamma,\delta} V_{\alpha,\beta,\gamma,\delta}(\boldsymbol{k},\boldsymbol{k}') a^\dagger_{-\boldsymbol{k},\alpha} a^\dagger_{\boldsymbol{k},\beta} a_{\boldsymbol{k}',\gamma} a_{-\boldsymbol{k}',\delta} \quad (8.3.4)$$

と表される．第 1 項は準粒子の運動エネルギーで，準粒子のエネルギー ξ_k はフェルミエネルギーを基準にしている．第 2 項は対相互作用のエネルギーである．準粒子間相互作用 $V_{\alpha,\beta,\gamma,\delta}(\boldsymbol{k},\boldsymbol{k}')$ がスピン空間での回転に対して不変であるとすると，

$$V_{\alpha,\beta,\gamma,\delta}(\boldsymbol{k},\boldsymbol{k}') = V_1(\boldsymbol{k},\boldsymbol{k}')\delta_{\alpha\delta}\delta_{\beta\gamma} + V_2(\boldsymbol{k},\boldsymbol{k}')(\boldsymbol{\sigma})_{\alpha\delta}\cdot(\boldsymbol{\sigma})_{\beta\gamma} \quad (8.3.5)$$

として，パウリ行列 $\boldsymbol{\sigma}$ を用いて書き下すことができる．第 1 項のスピンに依存しない相互作用は，

$$\begin{aligned}
\sum_{\gamma,\delta} \chi_{\mathrm{s}}(\beta,\alpha)^\dagger \delta_{\alpha\delta}\delta_{\beta\gamma}\chi_{\mathrm{s}}(\gamma,\delta) &= 1, \\
\sum_{\gamma,\delta} \chi_{\mathrm{tm}}(\beta,\alpha)^\dagger \delta_{\alpha\delta}\delta_{\beta\gamma}\chi_{\mathrm{tm}}(\gamma,\delta) &= 1
\end{aligned} \quad (8.3.6)$$

に対して，第 2 項の寄与は

$$\begin{aligned}
\sum_{\gamma,\delta} \chi_{\mathrm{s}}(\beta,\alpha)^\dagger (\boldsymbol{\sigma})_{\alpha\delta}\cdot(\boldsymbol{\sigma})_{\beta\gamma}\chi_{\mathrm{s}}(\gamma,\delta) &= -3, \\
\sum_{\gamma,\delta} \chi_{\mathrm{tm}}(\beta,\alpha)^\dagger (\boldsymbol{\sigma})_{\alpha\delta}\cdot(\boldsymbol{\sigma})_{\beta\gamma}\chi_{\mathrm{tm}}(\gamma,\delta) &= 1
\end{aligned} \quad (8.3.7)$$

である．$\boldsymbol{\sigma}\cdot\boldsymbol{\sigma}$ のスピン依存性は，スピンゆらぎによる有効相互作用として現れることが示されており [45]，$V_2 < 0$ のスピンゆらぎを媒介にした引力がスピン三重項状態を安定化させる．スピン一重項状態，スピン三重項状態いずれの場合にも，(8.3.4) 式のスピン変数 γ,δ の和をとってしまうことで，

$$H = \sum_{\boldsymbol{k},\sigma} \xi_k a^\dagger_{\boldsymbol{k},\sigma} a_{\boldsymbol{k},\sigma} + \frac{1}{2} \sum_{\boldsymbol{k},\boldsymbol{k}'} \sum_{\alpha,\beta} V(\boldsymbol{k},\boldsymbol{k}') a^\dagger_{-\boldsymbol{k},\alpha} a^\dagger_{\boldsymbol{k},\beta} a_{\boldsymbol{k}',\beta} a_{-\boldsymbol{k}',\alpha} \quad (8.3.8)$$

として，有効ハミルトニアンを対間の有効相互作用 $V(\boldsymbol{k},\boldsymbol{k}')$ を用いて書き下すことができる．BCS 理論と同様に，有効相互作用はフェルミ面近傍の準粒子間に働く，準粒子運動量の大きさに依らない引力とすると，有効相互作用は運動量方向 $\hat{\boldsymbol{k}}$ と $\hat{\boldsymbol{k}}'$ の間の角度 θ のみに依存し，部分波展開できる．

$$V(\hat{\boldsymbol{k}},\hat{\boldsymbol{k}}') = \sum_l V_l P_l(\cos\theta). \tag{8.3.9}$$

超流動ヘリウム 3 においては，$l=1$ の p 波のチャンネルが有効的な引力となっている．

ここで，$a_{\boldsymbol{k},\beta}a_{-\boldsymbol{k},\alpha}$, $a^{\dagger}_{-\boldsymbol{k},\alpha}a^{\dagger}_{\boldsymbol{k},\beta}$ の超流動・超伝導状態特有の平均値

$$\langle a_{\boldsymbol{k},\beta}a_{-\boldsymbol{k},\alpha}\rangle, \quad \langle a^{\dagger}_{-\boldsymbol{k},\alpha}a^{\dagger}_{\boldsymbol{k},\beta}\rangle$$

からのずれ，

$$(a_{\boldsymbol{k},\beta}a_{-\boldsymbol{k},\alpha} - \langle a_{\boldsymbol{k},\beta}a_{-\boldsymbol{k},\alpha}\rangle), \quad (a^{\dagger}_{-\boldsymbol{k},\alpha}a^{\dagger}_{\boldsymbol{k},\beta} - \langle a^{\dagger}_{-\boldsymbol{k},\alpha}a^{\dagger}_{\boldsymbol{k},\beta}\rangle)$$

は小さいとして 1 次までを残す平均場近似を行う．平均場は超流動・超伝導状態を特徴付ける秩序変数，

$$\Delta_{\alpha\beta}(\hat{\boldsymbol{k}}) \equiv -\sum_{\boldsymbol{k}'}V(\hat{\boldsymbol{k}},\hat{\boldsymbol{k}}')\langle a_{\boldsymbol{k}',\alpha}a_{-\boldsymbol{k}',\beta}\rangle, \tag{8.3.10}$$

$$\Delta^{*}_{\alpha\beta}(\hat{\boldsymbol{k}}) \equiv -\sum_{\boldsymbol{k}'}V(\hat{\boldsymbol{k}},\hat{\boldsymbol{k}}')\langle a^{\dagger}_{-\boldsymbol{k}',\beta}a^{\dagger}_{\boldsymbol{k}',\alpha}\rangle \tag{8.3.11}$$

であり，これを用いると平均場ハミルトニアンは，

$$H_{\mathrm{m}} = \sum_{\boldsymbol{k},\sigma}\xi_k a^{\dagger}_{\boldsymbol{k},\sigma}a_{\boldsymbol{k},\sigma} - \frac{1}{2}\sum_{\boldsymbol{k}}\sum_{\alpha,\beta}\left[\Delta_{\alpha\beta}(\hat{\boldsymbol{k}})a^{\dagger}_{-\boldsymbol{k},\beta}a^{\dagger}_{\boldsymbol{k},\alpha} + \Delta^{*}_{\alpha\beta}(\hat{\boldsymbol{k}})a_{-\boldsymbol{k},\alpha}a_{\boldsymbol{k},\beta}\right] \tag{8.3.12}$$

で与えられる．ここで，演算子を含まない定数項は省略した．

平均場ハミルトニアン (8.3.12) 式のエネルギー固有値は，ハイゼンベルクの運動方程式，

$$i\hbar\frac{\partial a_{\boldsymbol{k},\sigma}}{\partial t} = Ea_{\boldsymbol{k},\sigma} = [a_{\boldsymbol{k},\sigma},H_{\mathrm{m}}], \tag{8.3.13}$$

$$i\hbar\frac{\partial a^{\dagger}_{-\boldsymbol{k},\sigma}}{\partial t} = Ea^{\dagger}_{-\boldsymbol{k},\sigma} = [a^{\dagger}_{-\boldsymbol{k},\sigma},H_{\mathrm{m}}] \tag{8.3.14}$$

より，固有値方程式

$$E \begin{pmatrix} a_{\boldsymbol{k},\uparrow} \\ a_{\boldsymbol{k},\downarrow} \\ a_{-\boldsymbol{k},\uparrow}^{\dagger} \\ a_{-\boldsymbol{k},\downarrow}^{\dagger} \end{pmatrix} = \begin{pmatrix} \xi_k & 0 & \Delta_{\uparrow\uparrow}(\hat{\boldsymbol{k}}) & \Delta_{\uparrow\downarrow}(\hat{\boldsymbol{k}}) \\ 0 & \xi_k & \Delta_{\downarrow\uparrow}(\hat{\boldsymbol{k}}) & \Delta_{\downarrow\downarrow}(\hat{\boldsymbol{k}}) \\ \Delta_{\uparrow\uparrow}^{*}(\hat{\boldsymbol{k}}) & \Delta_{\downarrow\uparrow}^{*}(\hat{\boldsymbol{k}}) & -\xi_k & 0 \\ \Delta_{\uparrow\downarrow}^{*}(\hat{\boldsymbol{k}}) & \Delta_{\downarrow\downarrow}^{*}(\hat{\boldsymbol{k}}) & 0 & -\xi_k \end{pmatrix} \begin{pmatrix} a_{\boldsymbol{k},\uparrow} \\ a_{\boldsymbol{k},\downarrow} \\ a_{-\boldsymbol{k},\uparrow}^{\dagger} \\ a_{-\boldsymbol{k},\downarrow}^{\dagger} \end{pmatrix} \tag{8.3.15}$$

を満たす．ここで,

$$\xi_k = \xi_{-k}, \quad \Delta_{\alpha\beta}(\hat{\boldsymbol{k}}) = -\Delta_{\beta\alpha}(-\hat{\boldsymbol{k}})$$

を用いている．

スピン一重項状態では,

$$\Delta_{\uparrow\uparrow} = \Delta_{\downarrow\downarrow} = 0, \quad \Delta_{\uparrow\downarrow} = -\Delta_{\downarrow\uparrow} \equiv \Delta_{\mathrm{s}}$$

であるので，エネルギー固有値は,

$$E = \pm\sqrt{\xi_k^2 + |\Delta_{\mathrm{s}}(\hat{\boldsymbol{k}})|^2} \tag{8.3.16}$$

と求まる．BCS 超伝導体 (s 波超伝導体) は，(8.3.9) 式の $l=0$ のチャンネルが有効的な引力となって，スピン一重項クーパー対を形成しており，秩序変数は運動量の方向に依存性しない．$\Delta_{\uparrow\downarrow}(\hat{\boldsymbol{k}}) = -\Delta_{\downarrow\uparrow}(\hat{\boldsymbol{k}}) \equiv \Delta_0$ とおけば，準粒子の励起エネルギーを表すエネルギー固有値は,

$$E = \pm\sqrt{\xi_k^2 + |\Delta_0|^2}$$

であり，準粒子運動量に依らない超伝導ギャップ $|\Delta_0|$ を持つ．

スピン三重項状態では,

$$\Delta_{\uparrow\uparrow} \equiv \Delta_{+}, \quad \Delta_{\downarrow\downarrow} \equiv \Delta_{-}, \quad \Delta_{\uparrow\downarrow} = \Delta_{\downarrow\uparrow} \equiv \Delta_0$$

とおくと,

$$(E^2 - \xi_k^2)^2 - (|\Delta_{+}|^2 + |\Delta_{-}|^2 + 2|\Delta_0|^2)(E^2 - \xi_k^2) + |\Delta_{+}\Delta_{-} - \Delta_0^2|^2 = 0 \tag{8.3.17}$$

の解として，エネルギー固有値が与えられる．一般的には，エネルギー固有値は4つある．

バルクの超流動ヘリウム 3 に磁場をかけない場合には，Anderson–Brinkman–

Morel (ABM) 状態 [46, 47] の A 相と Balian–Wertharmer (BW) 状態 [48] の B 相が実現する．ここでは，温度・圧力相図 8.1 の広い領域で実現し，対称性の高い B 相での超流動状態に注目して，準粒子の励起エネルギーを考えることにする．A 相や磁場中，もしくは，制限空間で実現する他の超流動状態については，レヴュー [45] や教科書 [44, 49] を参照していただきたい．

B 相は，全角運動量

$$\boldsymbol{J} = \boldsymbol{L} + \boldsymbol{S}$$

を生成子とする SO(3) 回転に対して不変になっている．典型的な秩序変数は，

$$\Delta_+(\hat{\boldsymbol{k}}) = \Delta_{\mathrm{B}}(-\hat{k}_x + i\hat{k}_y) = -\Delta_{\mathrm{B}}\sin\varphi\, e^{-i\phi},$$

$$\Delta_-(\hat{\boldsymbol{k}}) = \Delta_{\mathrm{B}}(\hat{k}_x + i\hat{k}_y) = \Delta_{\mathrm{B}}\sin\varphi\, e^{i\phi},$$

$$\Delta_0(\hat{\boldsymbol{k}}) = \Delta_{\mathrm{B}}\hat{k}_z = \Delta_{\mathrm{B}}\cos\varphi \tag{8.3.18}$$

として，$\hat{k}_z$ 軸からの天頂角 φ と $\hat{k}_x$-$\hat{k}_y$ 面の方位角 ϕ を用いて表される．このとき，(8.3.17) 式の解は，

$$E = \pm\sqrt{\xi_k^2 + |\Delta_{\mathrm{B}}|^2} \tag{8.3.19}$$

の 2 つの重解である．B 相での準粒子の励起エネルギーは，BCS 超伝導状態と同様に，準粒子運動量に依らない超流動ギャップ $|\Delta_{\mathrm{B}}|$ を持つ．

8.4 核スピン流

液体ヘリウム 3 を用いた核スピン流生成について，前章で紹介した液体金属を用いたスピン流生成と同様の実験系を考える．つまり，液体ヘリウム 3 を図 8.2 (a) に示すような平板間のチャンネル中に封入して，圧力をかけることで剪断流を作る．スピン回転相互作用により，剪断流の流速分布が作る渦度勾配を有効磁場勾配とみなすことができるので，有効磁場勾配の下のヘリウム 3 準粒子が核スピンを運ぶことになる．

液体ヘリウム 3 の流速は，ヘリウム 3 準粒子の集団励起として現れるので，準

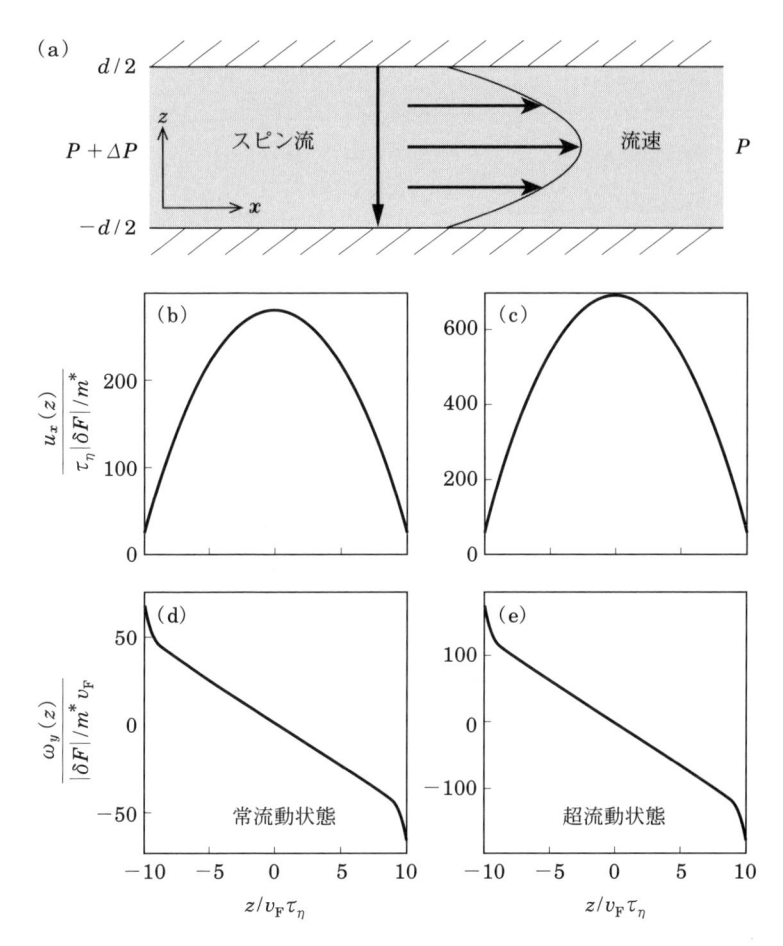

図 **8.2**　(a) 核スピン流生成で考える実験系の模式図. (b) 常流動状態, (c) 超流動状態での流速分布. (d) 常流動状態, (e) 超流動状態での渦度分布.

粒子分布 $n_{k\sigma}$ を記述するボルツマン方程式から求める必要がある．チャンネル
の両端に圧力差をつけることにより，各ヘリウム 3 準粒子に一様な力が働く状
況を考える．小さな圧力差により準粒子あたりに働く力を $\delta \boldsymbol{F}$ として，圧力差の
ない平衡状態からの分布の変化について線形の範囲で考えると，ボルツマン方程
式は，

$$\frac{\partial \delta n_{\boldsymbol{k}}}{\partial t} + \boldsymbol{v}_{\boldsymbol{k}} \cdot \boldsymbol{\nabla} \delta n_{\boldsymbol{k}}' + \frac{\partial n_{\boldsymbol{k}}^0}{\partial \epsilon_{\boldsymbol{k}}} \boldsymbol{v}_{\boldsymbol{k}} \cdot \delta \boldsymbol{F} = I[\delta n_{\boldsymbol{k}}'] \tag{8.4.1}$$

で与えられる．ここで，圧力の影響はスピンに依らないので，スピンの添字は省
略した．準粒子分布の運動量状態についての和をとることで，流速と応力テンソ
ルをそれぞれ，

$$\boldsymbol{u}(\boldsymbol{r}, t) = \frac{1}{\rho_{\mathrm{n}}} \sum_{\boldsymbol{k}} \boldsymbol{p} n_{\boldsymbol{k}}(\boldsymbol{r}, t), \tag{8.4.2}$$

$$\Pi_{ij}(\boldsymbol{r}, t) = \sum_{\boldsymbol{k}} \boldsymbol{p}_i (\boldsymbol{v}_{\boldsymbol{k}})_j n_{\boldsymbol{k}}(\boldsymbol{r}, t) \tag{8.4.3}$$

と求めることができる．ここで，ρ_{n} は常流動成分の密度で，粒子数密度 n を用
いて，

$$\rho_{\mathrm{n}} = \frac{Y_0(T)}{1 + (F_1^{\mathrm{s}}/3) Y_0(T)} m^* n \tag{8.4.4}$$

と表される．超流動ヘリウム 3-B 相における超流動ギャップ $|\Delta(T)|$ の寄与は，

$$Y_0(T) \equiv \int_{-\infty}^{\infty} d\xi \left(-\frac{\partial n^0}{\partial \epsilon} \right) \tag{8.4.5}$$

で定義される芳田関数として，分布関数

$$n_0(\epsilon) = \frac{1}{e^{\epsilon/k_{\mathrm{B}} T} + 1}$$

を与える準粒子励起エネルギー

$$\epsilon = \sqrt{\xi^2 + |\Delta(T)|^2}$$

に含まれる．$\Delta = 0$ の常流動状態においては，$Y_0 = 1$ であるので，

$$\rho_{\mathrm{n}} = mn \equiv \rho$$

となる．一般には，粒子数密度は，

$$n(\boldsymbol{r},t) = \sum_{\boldsymbol{k}} n_{\boldsymbol{k}}(\boldsymbol{r},t) \tag{8.4.6}$$

であり，空間分布と時間変化を示すが，液体ヘリウム 3 においては，フェルミ液体相互作用で圧縮率が非常に小さくなるため変化は無視して，密度を一様とすることができる．

衝突積分は，準粒子の緩和時間 τ_k を用いて，一般に，

$$I[\delta n'_{\boldsymbol{k}}] = -\frac{\delta n'_{\boldsymbol{k}}(\boldsymbol{r},t)}{\tau_k} + \sum_{\boldsymbol{k}'} C_{\boldsymbol{k},\boldsymbol{k}'}\delta n'_{\boldsymbol{k}'}(\boldsymbol{r},t) \tag{8.4.7}$$

と記述される [44]．衝突積分の第 1 項は局所平衡状態への緩和を表しているが，第 2 項として非平衡状態で起こる他の状態への散乱も含んでいる．常流動状態のフェルミ液体においては第 2 項は厳密に求められているが，超流動状態での厳密な表式はわかっていない．そこで，常流動状態で厳密に求められる衝突積分を良く再現し，等方的なエネルギーギャップを持つ超流動ヘリウム 3-B 相へも拡張された剪断流での以下の近似形式を用いるのが便利である [50, 51]．

$$I[\delta n'_{\boldsymbol{k}}] \approx -\frac{1}{\tau}\left[\delta n'_{\boldsymbol{k}} + \frac{\partial n_{\boldsymbol{k}}^0}{\partial \epsilon_{\boldsymbol{k}}}\left(\boldsymbol{p}\cdot\boldsymbol{u} + \frac{m}{m^*}\frac{5\lambda_2}{\rho v_{\mathrm{F}}^2 Y_0}p_i(\boldsymbol{v}_{\boldsymbol{k}})_j \Pi_{ij}\right)\right]. \tag{8.4.8}$$

ここで，準粒子の緩和時間は，

$$\frac{1}{\tau} \equiv \left(\sum_{\boldsymbol{k}} \frac{\partial n_{\boldsymbol{k}}^0}{\partial \epsilon_{\boldsymbol{k}}}\frac{1}{\tau_k}\right) \bigg/ \left(\sum_{\boldsymbol{k}} \frac{\partial n_{\boldsymbol{k}}^0}{\partial \epsilon_{\boldsymbol{k}}}\right) \tag{8.4.9}$$

として，エネルギー平均で近似している．λ_2 は準粒子の散乱振幅を含む無次元パラメータであるが，輸送特性の実験結果から数値を見積もることができる．液体ヘリウム 3 で見積もられた値は圧力依存性を示し，0.6 から 0.7 の範囲にある．圧縮率が小さい液体ヘリウム 3 では，密度変化は無視することができるので，(8.4.8) 式の衝突積分は，

$$\sum_{\boldsymbol{k}} I[\delta n'_{\boldsymbol{k}}] = \sum_{\boldsymbol{k}} \boldsymbol{p} I[\delta n'_{\boldsymbol{k}}] = 0$$

であり，準粒子同士の散乱過程での粒子数保存，運動量保存を正しく記述している．

　準粒子散乱に対する平均自由行程がチャンネル間隔に比べて十分に大きい流体力学的極限では，剪断流に対する応力テンソルは，

$$\Pi_{ij}(\boldsymbol{r},t) = -\eta \boldsymbol{\nabla}_i u_j(\boldsymbol{r},t) \tag{8.4.10}$$

で与えられ，粘性係数 η は，ボルツマン方程式を解くことで，

$$\eta = \frac{1}{5} \frac{m^*}{m} \frac{Y_2 \rho v_{\mathrm{F}}^2 \tau}{1 - \lambda_2 Y_2 / Y_0} \tag{8.4.11}$$

と求まる．粘性緩和時間 τ_η として，

$$\tau_\eta \equiv \frac{\tau}{1 - \lambda_2 Y_2 / Y_0} \tag{8.4.12}$$

を定義すれば，衝突積分はより簡略な表式，

$$I[\delta n'_{\boldsymbol{k}}] \approx -\frac{1}{\tau_\eta} \left[\delta n'_{\boldsymbol{k}} + \frac{\partial n^0_{\boldsymbol{k}}}{\partial \epsilon_{\boldsymbol{k}}} \boldsymbol{p} \cdot \boldsymbol{u} \right] \tag{8.4.13}$$

で近似することができる．粘性係数の温度変化を記述する $Y_n(T)$ は，

$$Y_n(T) \equiv \int_{-\infty}^{\infty} d\xi \left| \frac{\xi}{\epsilon} \right|^n \left(-\frac{\partial n^0}{\partial \epsilon} \right) \tag{8.4.14}$$

で定義される一般化された n 次の芳田関数である．常流動状態においては次数 n によらず

$$Y_n = 1$$

を与えるが，n が大きいほど超流動転移温度 T_c 以下で急激に減少する．

　(8.4.13) 式を (8.4.1) 式の右辺に代入することで，ボルツマン方程式が具体的な微分方程式として与えられる．実際に，ボルツマン方程式を解くためには，境界条件を設定する必要がある．代表的な境界条件は，境界で反射された準粒子は

局所平衡状態にあると仮定するもので，境界上では，系の内側へ向かう運動量成分を持つ準粒子について，

$$\delta n'_{\boldsymbol{k}} = 0$$

ととる．ここで，系の外側へ向かう運動量成分を持つ準粒子，すなわち，境界へ入射する準粒子の分布は，一般に

$$\delta n'_{\boldsymbol{k}} \neq 0$$

であるので，入射準粒子からの寄与により，境界上でも有限の流速が現れる．これは，境界で流速をゼロとする流体力学の通常の境界条件とは異なることは注意が必要である．

　それでは，(8.4.1) 式と (8.4.13) 式で表されるボルツマン方程式を上記の境界条件の下で，数値計算により解くことで，スピン回転相互作用で作られる有効磁場勾配を定量的に見積もり，スピン流が生成されることを示した研究を紹介しておく．図 8.2 (a) のように，チャンネルの間隔を d として，一定の圧力差をつけて x 方向に定常流を流す状況を考える．流速分布は，チャンネル間隔の方向，z 方向に変化する．チャンネル間隔は，粘性の影響を考慮した準粒子の平均自由行程

$$l_\eta \equiv \sqrt{\langle v^2 \rangle}\, \tau_\eta$$

よりも十分大きいとして，流体力学的極限を考察する．準粒子の平均速度に関する $\langle v^2 \rangle$ は，超流動ギャップの寄与を考慮すると，

$$\langle v^2 \rangle \equiv \left(\sum_{\boldsymbol{k}} \frac{\partial n^0_{\boldsymbol{k}}}{\partial \epsilon_{\boldsymbol{k}}} v^2_{\boldsymbol{k}} \right) \bigg/ \left(\sum_{\boldsymbol{k}} \frac{\partial n^0_{\boldsymbol{k}}}{\partial \epsilon_{\boldsymbol{k}}} \right) = v^2_{\mathrm{F}} \frac{Y_2(T)}{Y_0(T)} \tag{8.4.15}$$

であるので，平均自由行程は，

$$l_\eta = v_{\mathrm{F}} \tau_\eta \sqrt{\frac{Y_2(T)}{Y_0(T)}} \tag{8.4.16}$$

で与えられる．液体ヘリウム 3 の封入領域を $-d/2 \leq z \leq d/2$ とすれば，境界条件は

$$\begin{cases} \delta n'_{\boldsymbol{k}}(z = -d/2) = 0, \quad k_z > 0, \\ \delta n'_{\boldsymbol{k}}(z = d/2) = 0, \quad k_z < 0 \end{cases} \tag{8.4.17}$$

と課される.

図 8.2 (b), (c) に $d = 20 v_{\mathrm{F}} \tau_\eta$ のときに数値計算より求めた常流動成分の流速分布を示す. (b) は常流動状態 ($T = 1.2\,T_{\mathrm{c}}$), (c) は超流動状態 ($T = 0.8\,T_{\mathrm{c}}$) での結果である. 圧力を $P = 2\,\mathrm{MPa}$ とすれば, これらの温度では, $v_{\mathrm{F}} \tau_\eta \approx 7\,\mu\mathrm{m}$ となっている. 常流動状態も超流動状態も流速分布の定性的な振る舞いは同じで, 流体力学的極限を考えていることからも予想されるように, ポアズイユ流と同様な分布を示す. ただし, 境界では流速がゼロとならず, 境界で流体にすべりがあるスリップ境界となっている. 流速分布は,

$$u_x(z) \sim u_x(0) \left[1 - \left(\frac{z}{d/2 + \zeta} \right)^2 \right] \tag{8.4.18}$$

でよくフィッティングでき, 境界の奥の

$$z = \pm (d/2 + \zeta)$$

の点で流速がゼロとなるように振る舞う. ζ はスリップ長と呼ばれ, $v_{\mathrm{F}} \tau_\eta$ のオーダーである. 最大流速 $u_x(0)$ も

$$u_x(0) \sim \frac{d^2 |\delta \boldsymbol{F}|}{8 m^*} \frac{\rho_{\mathrm{n}}}{\eta} \tag{8.4.19}$$

であり, ポアズイユ流と一致する. $u_x(0)$ を決める常流動成分の密度 ρ_{n} と粘性係数 η の変化は, 常流動状態と超流動状態の流速の大きさの違いとして現れる. 超流動状態に転移すると, ρ_{n} と η はともに低下するが, η の低下の方が急激であるので, 超流動状態で流速が大きくなる.

このときの渦度は,

$$\omega_y(z) = \frac{\partial u_x(z)}{\partial z}$$

で与えられる (図 8.2 (d), (e)). ポアズイユ流の空間依存性を反映して, 境界か

ら離れた位置では線形な空間依存性を示すが，境界近傍では，スリップの影響で急激に渦度が変化する．流速の違いから，渦度勾配は超流動状態の方が大きい．この渦度勾配は，スピン回転相互作用による有効磁場勾配となり，z 方向に勾配がある y 方向への磁場がかかっているとみなすことができる．有効磁場勾配の大きさは，$T = 100\,\mathrm{mK}$ において，$\Delta P = 1\,\mathrm{Pa/cm}$ の圧力差をつけたとすると，$\Delta H_y \sim 1\,\mathrm{G/cm}$ の大きさとなる．この磁場勾配の大きさは，スピンエコー法[1]により，スピン拡散係数を測定するときに用いる磁場勾配と同程度の大きさになっているので [52, 53]，NMR 測定を行うことで有効磁場勾配が圧力差により生み出されていることを定量的に実証できると期待できる．有効磁場勾配が作り出すスピン流は，境界に流れ込むことになるので，ヘリウム 3 を封入する容器の材質を工夫することで，スピン流を観測できる可能性もある．

　図 8.2 で示される結果は，スピン回転相互作用により，常流動成分の流速分布が作る有効磁場勾配を示している．超流動転移温度以下で有効磁場勾配の急激な増加が現れるが，超流動状態でも常流動成分を考えているため，定性的な違いは示さない．超流動状態において特に興味深いのは，スピン三重項状態のクーパー対が運ぶ超流動スピン流である．超流動ヘリウム 3-A 相においては，磁場勾配によりスピン密度に勾配ができると超流動スピン流が生成されることが理論的に示されている [54]．図 8.2 (a) のセットアップで，チャンネル中に封入した超流動ヘリウム 3-A 相を流すことで，理論提案の状況は実現することができる．超流動ヘリウム 3 はスピン三重項状態であることが確実であり，理論と実験の定量的な比較も行えるので，クーパー対が担う超流動・超伝導スピン流の基礎研究の舞台として恰好である．

---

[1]磁場中で核スピンがそろった状況で，時刻 $t = 0$ に核スピンを 90° 倒すパルス磁場 (90° パルス) をかける．磁場に不均一性があると，核スピンは位置により異なる位相で歳差運動するため，核スピンを粗視化した磁化は減衰する．時刻 $t = \tau$ に核スピンを反転させるパルス磁場 (180° パルス) をかけると，それぞれの核スピンは逆位相の歳差運動を始めるため，$t = 2\tau$ で磁化が回復する．これがスピンエコーである．実際には，核スピンの位置も変化するため，$t = 2\tau$ での磁化は減衰しているが，既知の磁場勾配の下で減衰の様子を調べることで，スピン拡散係数を知ることができる．

第 9 章

量子スピンホール効果・トポロジカル絶縁体

本章では，4 章で説明したスピンホール効果の量子版である量子スピンホール効果について述べ，量子スピンホール効果が発現するトポロジカル絶縁体を紹介する．トポロジカル絶縁体の位相幾何学 (トポロジー) 的な性質については，他の教科書 [17, 55, 56] を参照してもらうことにし，本書ではスピントロニクスと特に関連が深い 3 次元トポロジカル絶縁体の表面状態で実現するスピン運動量ロッキングに注目する．スピン運動量ロッキングを利用することで，エデルシュタイン効果を通して電流からスピン流への効率的な変換が行えることを紹介する．

9.1 量子スピンホール効果

量子スピンホール効果は，量子ホール効果を時間反転対称性を保つように重ね合わせたものと理解することができる．

ホール効果は磁場中の金属や半導体に電場をかけてキャリア (電子または正孔) を駆動し電流を流すと，ローレンツ力により電流と外部磁場に垂直な方向にキャリアが流れることで，最終的にローレンツ力を打ち消すように電流と磁場に垂直にホール電場を生じる現象である．

これに対して，量子ホール効果は強磁場中の 2 次元電子系で起きる．2 次元電子系に垂直に磁場 B をかけたとき，電子のエネルギー固有値は調和振動子と同様に，

$$E_n = \hbar\omega_{\mathrm{c}}\left(n+\frac{1}{2}\right) \tag{9.1.1}$$

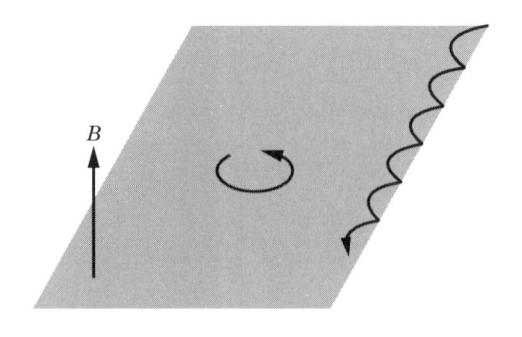

図 **9.1**　量子ホール効果の直感的な理解.

と $n \geq 0$ の整数で量子化される．ここで，エネルギー間隔は

$$\hbar\omega_\mathrm{c} = \hbar|e|B/mc$$

と，光速 c，電子の質量 m，電子の電荷 $-|e|$ によって与えられる．このとき，n で指定される準位は n 次のランダウ準位と呼ばれる．フェルミエネルギーが異なるランダウ準位の間にあれば，2 次元電子系は絶縁体として振る舞うことになる．ただし 2 次元系のエッジでは，エッジでの閉じ込めポテンシャルのために，フェルミエネルギー以下の占有されていたランダウ準位がフェルミエネルギーを横切ることになる．こうして現れるエッジに局在した状態は，エッジに沿った同一方向への速度の期待値を持っており，カイラルエッジ状態と呼ばれる．バルクで N 個のランダウ準位が占有されていた場合には，N 個のカイラルエッジ状態が現れ，カイラルエッジ状態によるホール伝導度が

$$\sigma_\mathrm{H} = Ne^2/h$$

と量子化される．これが整数量子ホール効果であり，バルクは絶縁体として振る舞うが，カイラルエッジ状態が電気伝導を担っている．ここで，カイラルエッジ状態の速度の期待値の向きは磁場方向に依存している．量子ホール効果は，直感的には，図 9.1 のようにサイクロトロン運動する電子のスキッピングモードと解釈することもできる．

　量子スピンホール効果は，上向きスピンで構成される 2 次元電子系に垂直な磁

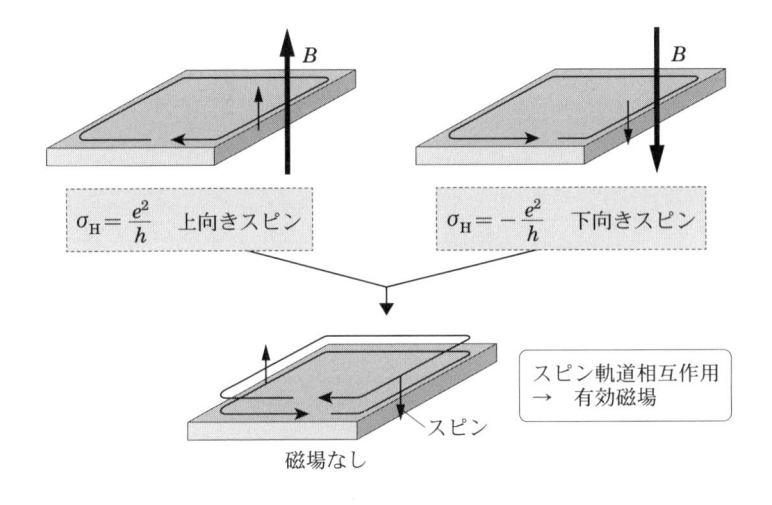

図 **9.2** 量子スピンホール効果の模式図.

場 $+B$ をかけた状態と，下向きスピンで構成される 2 次元電子系に垂直な磁場 $-B$ をかけた状態の重ね合わせ状態で生じる (図 9.2)．このとき，エッジでは上向きスピンと下向きスピンの電子が逆向きに流れるため，電流は流れないが，スピン流がエッジに沿って流れている．この系は時間反転対称性を持っており，スピン流を担っているエッジ状態はヘリカルエッジ状態と呼ばれる．

　もちろん，上向きスピンと下向きスピンの電子に逆向きの外部磁場をかけることはできないが，スピン軌道相互作用によって，上向きスピンと下向きスピンで逆向きの有効磁場がかかった状態は実現される．電子の受けるスピン軌道相互作用は，第 7 章で導出したように，

$$H_{\mathrm{so}} = \frac{-|e|\lambda}{2\hbar}\boldsymbol{\sigma}\cdot(\boldsymbol{\pi}\times\boldsymbol{E}-\boldsymbol{E}\times\boldsymbol{\pi}) \tag{9.1.2}$$

と与えられる．磁場がないときには，原子核の電荷が作る電場

$$\boldsymbol{E}(r) = -\boldsymbol{\nabla}\phi(r) = -\frac{\partial\phi}{\partial r}\frac{\boldsymbol{r}}{r}$$

中の電子は，

$$H_{\mathrm{so}} = \frac{|e|\lambda}{hr}\left[-\frac{\partial\phi(r)}{\partial r}\right]\boldsymbol{\sigma}\cdot(\boldsymbol{r}\times\boldsymbol{p}) \tag{9.1.3}$$

と表されるスピン軌道相互作用を受けている．一方で，一様磁場中の電子の運動エネルギー項は，

$$H_0 = \frac{\boldsymbol{\pi}^2}{2m} = \frac{\boldsymbol{p}^2}{2m} + \frac{e^2\boldsymbol{A}^2(\boldsymbol{r})}{2mc^2} + \frac{|e|}{2mc}(\boldsymbol{p}\cdot\boldsymbol{A}(\boldsymbol{r}) + \boldsymbol{A}(\boldsymbol{r})\cdot\boldsymbol{p}) \tag{9.1.4}$$

である．対称ゲージでのベクトルポテンシャル

$$\boldsymbol{A}(\boldsymbol{r}) = (\boldsymbol{B}\times\boldsymbol{r})/2$$

を用いると，第3項は，

$$H_B = \frac{|e|}{2mc}\boldsymbol{B}\cdot(\boldsymbol{r}\times\boldsymbol{p}) \tag{9.1.5}$$

と書ける．(9.1.3) 式と (9.1.5) 式を比較すると，スピン軌道相互作用を上向きスピンと下向きスピンの電子に逆向きに作用する有効磁場とみなせることが分かる．

　ここでは，量子ホール効果とのアナロジーで量子スピンホール効果を紹介したが，量子ホール効果がカイラルエッジ状態の個数に関連した整数で特徴付けられるのに対して，量子スピンホール効果は 0 か 1 をとる 2 値数 ν によって特徴付けられることを注意しておく必要がある．これは，スピン軌道相互作用の下では，スピン角運動量が保存されないことに関係している．$\nu=0$ の絶縁体は通常のバンド絶縁体であるが，$\nu=1$ の絶縁体はヘリカルエッジ状態が現れるトポロジカル絶縁体である．量子スピンホール効果は 2 次元電子系特有の現象であるが，2 値数で特徴付けられるトポロジカル絶縁体は 3 次元物質でも存在する．

9.2　トポロジカル絶縁体

　絶縁体がトポロジカル絶縁体であるには，時間反転対称性を持っていること，および，スピン軌道相互作用が強いことが必要であり，スピン軌道相互作用によって伝導帯と価電子帯のバンドが入れ替わることが重要である．ここでは，3 次元トポロジカル絶縁体の具体的モデルを考えて，表面状態でスピン運動量ロッ

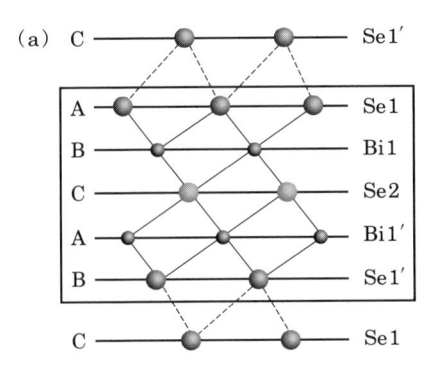

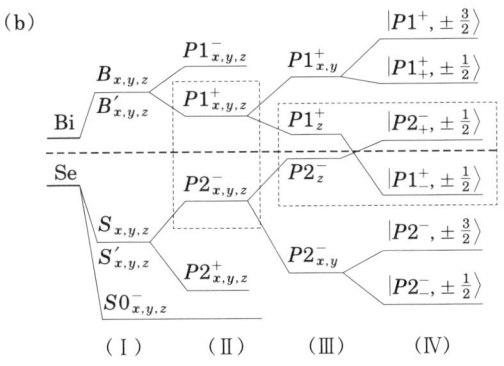

図 **9.3** (a) Bi_2Se_3 結晶の層構造の模式図. (b) Bi と Se の p 軌道のエネルギー準位の模式図. (I) Bi と Se の結合, (II) 結合・反結合, (III) 結晶場, (IV) スピン軌道相互作用によるエネルギー準位の分裂を示している [57]. 破線はフェルミ準位である.

キングが実現していることを示す [57, 56].

　3 次元トポロジカル絶縁体である Bi_2Se_3, Bi_2Te_3, Sb_2Te_3 らは共通の結晶構造を持っており, 5 つの原子で単位格子を形成する. Bi_2Se_3 を例にとると, 図 9.3 (a) で示す各層で三角格子を形成した層構造をなしている. z 方向に積層された 5 原子層 (quintuple 層) が単位であり, 2 つの等価な Bi 原子 (Bi1, Bi1′), 2 つの等価な Se 原子 (Se1, Se1′), 3 番目の Se 原子 (Se2) で構成されている. quintuple 層内では層間の相互作用は強いが, 異なる quintuple 層との間の相互作用は弱くなっている. Se2 サイトは結晶構造の反転中心となっており, 反転操作により

Bi1 は Bi1′ へ，Se1 は Se1′ へとマップされる．結晶構造は，z 軸まわりの 3 回回転対称性に加えて，x 軸まわりの 2 回回転対称性も持っており，2 回回転操作によっても Bi1 は Bi1′ へ，Se1 は Se1′ へとマップされる．

　Bi の電子配置は $6s^2 6p^3$，Se の電子配置は $4s^2 4p^4$ であるので，s 軌道は無視して，最外殻の p 軌道を考える．結晶中では Bi と Se の結合により，単位格子中の 2 つの Bi 原子 (Bi1, Bi1′) の p 軌道状態

$$(|B_{x,y,z}\rangle, |B'_{x,y,z}\rangle)$$

のエネルギー準位は上に押し上げられ，3 つの Se 原子 (Se1, Se1′, Se2) の p 軌道状態

$$(|S_{x,y,z}\rangle, |S'_{x,y,z}\rangle, |S0_{x,y,z}\rangle)$$

の準位は下に押し下げられる (図 9.3 (b) の (I))．$Bi_2 Se_3$ の結晶は空間反転対称性を持っているので，Bi 原子間と Se 原子間の軌道混成を考えると，パリティで分類される結合状態と反結合状態，

$$\begin{aligned}
|P1^{\pm}_{x,y,z}\rangle &= \frac{1}{\sqrt{2}} (|B_{x,y,z}\rangle \mp |B'_{x,y,z}\rangle), \\
|P2^{\pm}_{x,y,z}\rangle &= \frac{1}{\sqrt{2}} (|S_{x,y,z}\rangle \mp |S'_{x,y,z}\rangle)
\end{aligned} \tag{9.2.1}$$

に分裂する．ここで $+$ ($-$) は結合 (反結合) 状態を表している．Bi と Se どちらについても反結合状態のエネルギー準位が高くなるので，図 9.3 (b) の (II) に示すように，フェルミ準位に近いのは Bi の $|P1^{+}_{x,y,z}\rangle$ 状態と Se の $|P2^{-}_{x,y,z}\rangle$ 状態となる．以下では，これら 6 つの軌道状態に注目する．

　次に，結晶場分裂を考えると，$Bi_2 Se_3$ の結晶は z 方向に積層された層構造を成しているので，p 軌道は p_z 軌道状態と縮退した p_x, p_y 軌道状態に分裂する．$P1^{+}$ では p_z 軌道のエネルギー準位が p_x, p_y 軌道よりも低くなり，$P2^{-}$ では p_z 軌道のエネルギー準位が p_x, p_y 軌道よりも高くなる．これにより，図 9.3 (b) の (III) に示すように，フェルミ面近傍の伝導バンドは主として $|P1^{+}_z\rangle$ で，価電子バンドは $|P2^{-}_z\rangle$ で構成される．

最後に，スピン軌道相互作用を考慮する．原子に働くスピン軌道相互作用のハミルトニアンは，

$$H_{\mathrm{SO}} = \lambda \boldsymbol{L} \cdot \boldsymbol{S}$$

として，軌道角運動量 $\boldsymbol{L}$，スピン角運動量 $\boldsymbol{S}$ とスピン軌道相互作用の強さを示す λ によって表される．スピン軌道相互作用は全角運動量を保存するように，スピンと軌道の角運動量状態を混成するので，軌道

$$\Lambda = P1^+, P2^-$$

とスピン $\sigma = \uparrow, \downarrow$ を含んだ状態 $|\Lambda_{x,y,z}, \sigma\rangle$ を軌道角運動量の固有状態，

$$|\Lambda_\pm, \sigma\rangle = \mp\frac{1}{\sqrt{2}}\left(|\Lambda_x, \sigma\rangle \pm i|\Lambda_y, \sigma\rangle\right) \tag{9.2.2}$$

に書き直すのが便利である．スピン軌道相互作用についても軌道角運動量とスピン角運動量の昇降演算子，

$$L_\pm = L_x \pm iL_y, \tag{9.2.3}$$

$$S_\pm = S_x \pm iS_y \tag{9.2.4}$$

を用いて，

$$H_{\mathrm{SO}} = \lambda\left(L_z S_z + \frac{1}{2}L_+ S_- + \frac{1}{2}L_- S_+\right) \tag{9.2.5}$$

と書くと都合が良い．演算子を固有状態に作用させると，

$$L_z|\Lambda_m, \sigma_n\rangle = m|\Lambda_m, \sigma_n\rangle,$$
$$L_\pm|\Lambda_m, \sigma_n\rangle = \sqrt{2 - m(m\pm1)}|\Lambda_{m\pm1}, \sigma_n\rangle, \tag{9.2.6}$$
$$S_z|\Lambda_m, \sigma_n\rangle = \frac{n}{2}|\Lambda_m, \sigma_n\rangle,$$

$$S_\pm|\Lambda_m, \sigma_n\rangle = \frac{\sqrt{3 - n(n\pm2)}}{2}|\Lambda_m, \sigma_{n\pm2}\rangle \tag{9.2.7}$$

となる．ここで，$\Lambda_0 = \Lambda_z$，$\Lambda_1 = \Lambda_+$，$\Lambda_{-1} = \Lambda_-$，および，$\sigma_1 = \uparrow$，$\sigma_{-1} = \downarrow$ とする．この基底では，スピン軌道相互作用の行列要素は，

$$\langle \Lambda_+,\uparrow|H_{\mathrm{SO}}|\Lambda_+,\uparrow\rangle = \langle \Lambda_-,\downarrow|H_{\mathrm{SO}}|\Lambda_-,\downarrow\rangle = \frac{\lambda}{2}, \tag{9.2.8}$$

$$\langle \Lambda_+,\downarrow|H_{\mathrm{SO}}|\Lambda_+,\downarrow\rangle = \langle \Lambda_-,\uparrow|H_{\mathrm{SO}}|\Lambda_-,\uparrow\rangle = -\frac{\lambda}{2}, \tag{9.2.9}$$

$$\langle \Lambda_+,\downarrow|H_{\mathrm{SO}}|\Lambda_z,\uparrow\rangle = \langle \Lambda_-,\uparrow|H_{\mathrm{SO}}|\Lambda_z,\downarrow\rangle = \frac{\lambda}{\sqrt{2}} \tag{9.2.10}$$

これらの値が有限となる. (9.2.10) 式で示されるように，スピン軌道相互作用は

$$|\Lambda_z,\uparrow\rangle,\ (|\Lambda_z,\downarrow\rangle) \quad \text{と} \quad |\Lambda_+,\downarrow\rangle,\ (|\Lambda_-,\uparrow\rangle)$$

の状態を混成し，準位間にエネルギー反発を引き起こす. $J_z=1/2$ の混成状態，

$$|\Lambda_\pm,1/2\rangle = u_\pm|\Lambda_z,\uparrow\rangle + v_\pm|\Lambda_+,\downarrow\rangle \tag{9.2.11}$$

と，時間反転状態に対応する $J_z=-1/2$ の状態，

$$|\Lambda_\pm,-1/2\rangle = u_\pm^*|\Lambda_z,\downarrow\rangle + v_\pm^*|\Lambda_-,\uparrow\rangle \tag{9.2.12}$$

について，エネルギー準位を考える. $\{|\Lambda_z,\uparrow\rangle,|\Lambda_+,\downarrow\rangle\}$ の基底に作用する行列表示のハミルトニアンは，(9.2.9) 式と (9.2.10) 式より，

$$\begin{pmatrix} \epsilon_z & \lambda/\sqrt{2} \\ \lambda/\sqrt{2} & \epsilon_{xy}-\lambda/2 \end{pmatrix} \tag{9.2.13}$$

で与えられる. ここで，$\epsilon_z\ (\epsilon_{xy})$ は，結晶場分裂を考慮した p_z 軌道状態 $(p_x,p_y$ 軌道状態) のエネルギーである. (9.2.13) 式の固有方程式を解くと，混成状態を記述する (9.2.11) 式の係数は，

$$u_\pm = \frac{1}{N_\pm}\frac{\lambda}{\sqrt{2}},$$

$$v_\pm = \frac{1}{N_\pm}\left(\Delta\epsilon \pm \sqrt{(\Delta\epsilon)^2+\frac{\lambda^2}{2}}\right) \tag{9.2.14}$$

と決められる. ここで，

$$\Delta\epsilon = (\epsilon_{xy}-\epsilon_z-\lambda/2)/2,$$

$$N_\pm^2 = \lambda^2 + 2(\Delta\epsilon)^2 \pm 2\Delta\epsilon\sqrt{(\Delta\epsilon)^2 + \lambda^2/2}$$

である．それぞれの混成状態のエネルギー準位は，

$$E_\pm = \frac{\epsilon_{xy} + \epsilon_z - \lambda/2}{2} \pm \sqrt{(\Delta\epsilon)^2 + \frac{\lambda^2}{2}} \tag{9.2.15}$$

に分裂する．

　結局，スピン軌道相互作用により，$|P1_-^+, \pm 1/2\rangle$ のエネルギー準位は下に押し下げられ，$|P2_+^-, \pm 1/2\rangle$ のエネルギー準位は上に押し上げられる．スピン軌道相互作用がある臨界値 λ_c よりも大きければ $(\lambda > \lambda_c)$，図 9.3 (b) の (IV) で示しているように，パリティの異なる伝導帯と価電子帯のバンドが入れ替わる．実際の物質では，Bi_2Se_3, Bi_2Te_3, Sb_2Te_3 において，Γ 点で $\lambda > \lambda_c$ の条件が満たされバンド反転が起こるため，トポロジカル絶縁体となっている．一方で，共通の結晶構造を持つ Sb_2Se_3 では，バンド反転は起こらず通常のバンド絶縁体である．

　ここで，具体的なハミルトニアンの表式を確認しておく．

$$\{|1\rangle, |2\rangle, |3\rangle, |4\rangle\} = \{|P1_-^+, 1/2\rangle, -i|P2_+^-, 1/2\rangle, |P1_-^+, -1/2\rangle, i|P2_+^-, -1/2\rangle\}$$

の基底に作用する波数 $\boldsymbol{k}$ のハミルトニアンは，

$$\begin{aligned}\mathcal{H}(\boldsymbol{k}) &= e^{-i\boldsymbol{k}\cdot\boldsymbol{r}}\left[-\frac{\hbar^2}{2m}\boldsymbol{\nabla}^2 + V(\boldsymbol{r})\right]e^{i\boldsymbol{k}\cdot\boldsymbol{r}} \\ &= \left[\frac{\boldsymbol{p}^2}{2m} + V(\boldsymbol{r})\right] + \frac{\hbar^2\boldsymbol{k}^2}{2m} + \frac{\hbar}{m}\boldsymbol{k}\cdot\boldsymbol{p}\end{aligned} \tag{9.2.16}$$

によって記述される．ここで $\boldsymbol{p} = -i\hbar\boldsymbol{\nabla}$ である．Γ 点 $(\boldsymbol{k} = 0)$ では，ハミルトニアン (9.2.16) の第 1 項を行列表示して，

$$\mathcal{H}(0) = \begin{pmatrix} C-M & 0 & 0 & 0 \\ 0 & C+M & 0 & 0 \\ 0 & 0 & C-M & 0 \\ 0 & 0 & 0 & C+M \end{pmatrix} \tag{9.2.17}$$

と表される．この表記では，スピン軌道相互作用によりバンド反転が起こる条件

は $M > 0$ となる.

次に, ハミルトニアン (9.2.16) の最終項,

$$\mathcal{H}' = (\hbar/m)\boldsymbol{k}\cdot\boldsymbol{p}$$

を摂動として扱うことで, Γ 点近傍のハミルトニアンを導出する. 同じパリティを持つ結合状態間, もしくは, 反結合状態間では, $\boldsymbol{p}$ の行列要素はゼロとなるので, 有限な行列要素を持つのは

$$\langle P2_+^-, J_z'|\boldsymbol{p}|P1_-^+, J_z\rangle$$

の成分である.

$\mathrm{Bi}_2\mathrm{Se}_3$ らの結晶は, z 軸まわりの 3 回回転対称性を有するので, z 軸まわりの $120°$ 回転操作,

$$R_3 = \exp[-i(2\pi/3)J_z]$$

のもとで,

$$\begin{aligned}
&\langle P2_+^-, \mp 1/2|p_x|P1_-^+, \pm 1/2\rangle \\
&= \langle P2_+^-, \mp 1/2|R_3^\dagger R_3 p_x R_3^\dagger R_3|P1_-^+, \pm 1/2\rangle \\
&= e^{\mp i(2\pi/3)}\langle P2_+^-, \mp 1/2|\left(p_x\cos\frac{2\pi}{3} + p_y\sin\frac{2\pi}{3}\right)|P1_-^+, \pm 1/2\rangle
\end{aligned} \tag{9.2.18}$$

と変換する. この等式より, 行列要素は,

$$\langle 4|p_x|1\rangle = -i\langle 4|p_y|1\rangle \equiv \frac{m}{\hbar}A_2, \quad \langle 2|p_x|3\rangle = i\langle 2|p_y|3\rangle \equiv \frac{m}{\hbar}A_2' \tag{9.2.19}$$

の関係式を満たす. 同様に,

$$\langle P2_+^-, \mp 1/2|p_z|P1_-^+, \pm 1/2\rangle = e^{\mp i(2\pi/3)}\langle P2_+^-, \mp 1/2|p_z|P1_-^+, \pm 1/2\rangle \tag{9.2.20}$$

なので,

$$\langle 4|p_z|1\rangle = \langle 2|p_z|3\rangle = 0.$$

また,

$$\langle P2_+^-, \pm 1/2 | p_x | P1_-^+, \pm 1/2 \rangle$$
$$= \langle P2_+^-, \pm 1/2 | \left(p_x \cos \frac{2\pi}{3} + p_y \sin \frac{2\pi}{3} \right) | P1_-^+, \pm 1/2 \rangle \tag{9.2.21}$$

より，

$$\langle 2 | p_x | 1 \rangle = \frac{1}{\sqrt{3}} \langle 2 | p_y | 1 \rangle, \quad \langle 4 | p_x | 3 \rangle = \frac{1}{\sqrt{3}} \langle 4 | p_y | 3 \rangle. \tag{9.2.22}$$

一方で，

$$\langle P2_+^-, \pm 1/2 | p_y | P1_-^+, \pm 1/2 \rangle$$
$$= \langle P2_+^-, \pm 1/2 | \left(p_y \cos \frac{2\pi}{3} - p_x \sin \frac{2\pi}{3} \right) | P1_-^+, \pm 1/2 \rangle \tag{9.2.23}$$

より，

$$\langle 2 | p_x | 1 \rangle = -\sqrt{3} \langle 2 | p_y | 1 \rangle, \quad \langle 4 | p_x | 3 \rangle = -\sqrt{3} \langle 4 | p_y | 3 \rangle. \tag{9.2.24}$$

結局，(9.2.22) 式と (9.2.24) 式を同時に満たすには，

$$\langle 2 | p_x | 1 \rangle = \langle 2 | p_y | 1 \rangle = \langle 4 | p_x | 3 \rangle = \langle 4 | p_y | 3 \rangle = 0$$

となる必要がある．

　また，x 軸まわりの $180°$ 回転操作 R_2 により，

$$R_2 | P1_-^+, \pm 1/2 \rangle = -i | P1_-^+, \mp 1/2 \rangle, \quad R_2 | P2_+^-, \pm 1/2 \rangle = i | P2_+^-, \mp 1/2 \rangle$$

と変換されるので [58]，

$$\langle P2_+^-, 1/2 | p_z | P1_-^+, 1/2 \rangle = \langle P2_+^-, 1/2 | R_2^\dagger R_2 p_z R_2^\dagger R_2 | P1_-^+, 1/2 \rangle$$
$$= \langle P2_+^-, -1/2 | (-i)(-p_z)(-i) | P1_-^+, -1/2 \rangle. \tag{9.2.25}$$

すなわち，

$$\langle 2 | p_z | 1 \rangle = -\langle 4 | p_z | 3 \rangle \equiv \frac{m}{\hbar} A_1. \tag{9.2.26}$$

同様に，

$$\langle P2_+^-, -1/2|p_x|P1_-^+, 1/2\rangle = -\langle P2_+^-, 1/2|p_x|P1_-^+, -1/2\rangle,$$

$$\langle P2_+^-, -1/2|p_y|P1_-^+, 1/2\rangle = \langle P2_+^-, 1/2|p_y|P1_-^+, -1/2\rangle \tag{9.2.27}$$

なので,

$$\langle 4|p_x|1\rangle = \langle 2|p_x|3\rangle, \quad \langle 4|p_y|1\rangle = -\langle 2|p_y|3\rangle.$$

これより, (9.2.19) 式では $A_2 = A_2'$ である.

ここで, 時間反転対称性を考えると,

$$\langle 2|\boldsymbol{p}|1\rangle = -\langle 4|\boldsymbol{p}|3\rangle^*, \quad \langle 4|\boldsymbol{p}|1\rangle = \langle 2|\boldsymbol{p}|3\rangle^* \tag{9.2.28}$$

となるので, A_1, A_2 は実数である.

以上をまとめて行列表示すると, 1 次の摂動論より求められた $\boldsymbol{k}$ の次数のハミルトニアンは,

$$\begin{pmatrix} 0 & A_1 k_z & 0 & A_2(k_x - ik_y) \\ A_1 k_z & 0 & A_2(k_x - ik_y) & 0 \\ 0 & A_2(k_x + ik_y) & 0 & -A_1 k_z \\ A_2(k_x + ik_y) & 0 & -A_1 k_z & 0 \end{pmatrix} \tag{9.2.29}$$

である. k^2 の次数のハミルトニアンについては 2 次の摂動論より求めることができる.

最終的に, Γ 点近傍での有効ハミルトニアンを $\boldsymbol{k}$ の 2 次まで書き下すと,

$$\mathcal{H}(\boldsymbol{k}) = \epsilon(\boldsymbol{k}) 1_{4\times 4}$$
$$+ \begin{pmatrix} -M(\boldsymbol{k}) & A_1 k_z & 0 & A_2(k_x - ik_y) \\ A_1 k_z & M(\boldsymbol{k}) & A_2(k_x - ik_y) & 0 \\ 0 & A_2(k_x + ik_y) & -M(\boldsymbol{k}) & -A_1 k_z \\ A_2(k_x + ik_y) & 0 & -A_1 k_z & M(\boldsymbol{k}) \end{pmatrix} \tag{9.2.30}$$

となる. ここで, $1_{4\times 4}$ は単位行列を表し,

$$\epsilon(\boldsymbol{k}) = C + D_1 k_z^2 + D_2(k_x^2 + k_y^2),$$

$$M(\boldsymbol{k}) = M - B_1 k_z^2 - B_2(k_x^2 + k_y^2)$$

である．トポロジカル絶縁体である Bi_2Se_3, Bi_2Te_3, Sb_2Te_3 について計算された各係数は文献 [57] にまとめられている．

9.2.1 表面状態とスピン運動量ロッキング

ここでは，有効ハミルトニアン (9.2.30) を用いて，3 次元トポロジカル絶縁体の表面状態でスピン運動量ロッキングが実現していることを示す．3 次元トポロジカル絶縁体が $z > 0$ の領域に置かれているときの $z = 0$ での表面状態を考えることとし，有効ハミルトニアン (9.2.30) を k_z に依存する部分と，k_x, k_y に依存する部分の 2 つに分ける．

$$\mathcal{H}(\boldsymbol{k}) = \mathcal{H}_z(k_z) + \mathcal{H}_\parallel(k_x, k_y), \tag{9.2.31}$$

$$\mathcal{H}_z(k_z) = \epsilon_z(k_z)1_{4\times 4} + \begin{pmatrix} -M_z(k_z) & A_1 k_z & 0 & 0 \\ A_1 k_z & M_z(k_z) & 0 & 0 \\ 0 & 0 & -M_z(k_z) & -A_1 k_z \\ 0 & 0 & -A_1 k_z & M_z(k_z) \end{pmatrix}, \tag{9.2.32}$$

$$\mathcal{H}_\parallel(k_x, k_y) = D_2(k_x^2 + k_y^2)1_{4\times 4}$$
$$+ \begin{pmatrix} B_2(k_x^2 + k_y^2) & 0 & 0 & A_2(k_x - ik_y) \\ 0 & -B_2(k_x^2 + k_y^2) & A_2(k_x - ik_y) & 0 \\ 0 & A_2(k_x + ik_y) & B_2(k_x^2 + k_y^2) & 0 \\ A_2(k_x + ik_y) & 0 & 0 & -B_2(k_x^2 + k_y^2) \end{pmatrix}.$$
$$\tag{9.2.33}$$

ここで，

$$\epsilon_z(k_z) = C + D_1 k_z^2, \quad M_z(k_z) = M - B_1 k_z^2$$

である．

$z = 0$ にある表面により z 方向への並進対称性は破れているため，k_z は良い量

子数とはならないので，k_z を $-i\partial_z$ と置き換えて，$\mathcal{H}_{\parallel}=0$ となる

$$k_x = k_y = 0$$

での表面に局在した固有状態 $\Psi(z)$ を考える．$\Psi(z)$ の従う固有方程式は，

$$\mathcal{H}_z(k_z \to -i\partial_z)\Psi(z) = E\Psi(z) \tag{9.2.34}$$

である．$\mathcal{H}_z$ はブロック対角であるため，固有状態は

$$\Psi_1(z) = \begin{pmatrix} \psi(z) \\ 0 \end{pmatrix}, \quad \Psi_2(z) = \begin{pmatrix} 0 \\ \tau_z\psi(z) \end{pmatrix} \tag{9.2.35}$$

と表される．ここで，ψ は 2 成分スピノルであり，

$$[\epsilon_z(-i\partial_z) - M_z(-i\partial_z)\tau_z - iA_1\tau_x\partial_z]\psi(z) = E\psi(z) \tag{9.2.36}$$

の固有方程式に従う．

　簡単のため，エネルギーシフトを与える ϵ_z を無視して考えると，ゼロエネルギー状態 ψ_0 が存在すれば，

$$(M + B_1\partial_z^2)\tau_y\psi_0(z) = A_1\partial_z\psi_0(z) \tag{9.2.37}$$

を満たす．$\psi_0(z) = \phi e^{\lambda z}$ とおくと，(9.2.37) 式は

$$(M + B_1\lambda^2)\tau_y\phi = A_1\lambda\phi \tag{9.2.38}$$

となる．これより，2 成分スピノル ϕ は τ_y の固有状態となっていることがわかる．$\tau_y^2 = 1_{2\times 2}$ であるので，

$$\tau_y\phi_{\pm} = \pm\phi_{\pm}$$

とすると，(9.2.38) 式は λ の 2 次方程式であり，解は ϕ_+ についての方程式から，

$$\lambda_{\pm} = \frac{1}{2B_1}\left(A_1 \pm \sqrt{A_1^2 - 4MB_1}\right), \tag{9.2.39}$$

ϕ_- についての方程式から，

$$\lambda'_\pm = \frac{1}{2B_1}\left(-A_1 \pm \sqrt{A_1^2 - 4MB_1}\right), \tag{9.2.40}$$

と与えられ，

$$\lambda'_\pm = -\lambda_\mp$$

の関係にある．よって，$\psi_0(z)$ の一般解は，

$$\psi_0(z) = (ae^{\lambda_+ z} + be^{\lambda_- z})\phi_+ + (ce^{-\lambda_+ z} + de^{-\lambda_- z})\phi_- \tag{9.2.41}$$

と表される．表面での境界条件として $\psi_0(0) = 0$ を課すと，表面に局在した固有状態が存在するのは，$\mathrm{Re}(\lambda_\pm) < 0$ のとき，もしくは，$\mathrm{Re}(\lambda_\pm) > 0$ のときである．これらの条件が満たされるのは，$MB_1 > 0$ のときであり，$M_z(k_z)$ の符号が k_z を変えることで変化しバンド反転が起きる場合である．この条件の下では，$A_1/B_1 < 0$ のとき $\mathrm{Re}(\lambda_\pm) < 0$，$A_1/B_1 > 0$ のとき $\mathrm{Re}(\lambda_\pm) > 0$ であるので，$k_x = k_y = 0$ でゼロエネルギーとなる表面状態の波動関数は，

$$\psi_0(z) = \begin{cases} a(e^{\lambda_+ z} - e^{\lambda_- z})\phi_+, & A_1/B_1 < 0, \\ c(e^{-\lambda_+ z} - e^{-\lambda_- z})\phi_-, & A_1/B_1 > 0 \end{cases} \tag{9.2.42}$$

で与えられる．

　$k_x = k_y = 0$ 近傍では，$\mathcal{H}_\parallel$ を摂動として扱うことで，表面状態の分散関係を得ることができる．$k_x = k_y = 0$ でのエネルギー固有値を C として，k_x, k_y の 1 次までを考慮した分散関係は，(9.2.35) 式の固有状態を用いて，

$$\begin{aligned} E_{k_x,k_y}^\pm &= C \pm |\langle \Psi_2|\mathcal{H}_\parallel(k_x,k_y)|\Psi_1\rangle| \\ &= C \pm |A_2||\langle \psi_0|\tau_y|\psi_0\rangle|\sqrt{k_x^2 + k_y^2} \end{aligned} \tag{9.2.43}$$

と表される線形分散である．固有状態は，

$$\Psi_{k_x,k_y}^\pm = \frac{1}{\sqrt{2}}\begin{pmatrix} \psi_0 \\ \pm i\,\dfrac{A_2}{|A_2|}\dfrac{\langle\psi_0|\tau_y|\psi_0\rangle}{|\langle\psi_0|\tau_y|\psi_0\rangle|}\dfrac{k_x + ik_y}{\sqrt{k_x^2+k_y^2}}\tau_z\psi_0 \end{pmatrix} \tag{9.2.44}$$

と表されるが，(9.2.42) 式のように ψ_0 が τ_y の固有状態となることを用いると，固有状態を

$$\Psi^{\pm}_{k_x,k_y} = \frac{1}{\sqrt{2}} \begin{pmatrix} \psi_0 \\ \mp i\,\mathrm{sign}\left(A_2 \dfrac{A_1}{B_1}\right) \dfrac{k_x + ik_y}{\sqrt{k_x^2 + k_y^2}} \tau_z \psi_0 \end{pmatrix} \tag{9.2.45}$$

と書き直すことができる．ただし，固有状態 (9.2.45) はスピン演算子に対する固有状態とはなっておらず，ユニタリー変換，

$$\tilde{\Psi}^{\pm}_{k_x,k_y} \equiv \begin{pmatrix} 1 & 0 \\ 0 & \tau_z \end{pmatrix} \Psi^{\pm}_{k_x,k_y} = \frac{1}{\sqrt{2}} \begin{pmatrix} \psi_0 \\ \mp i\,\mathrm{sign}\left(A_2 \dfrac{A_1}{B_1}\right) \dfrac{k_x + ik_y}{\sqrt{k_x^2 + k_y^2}} \psi_0 \end{pmatrix} \tag{9.2.46}$$

により得られる固有状態がスピン演算子の固有状態である．固有状態 (9.2.46) より，スピン演算子に対する期待値は，

$$\langle \tilde{\Psi}^{\pm}_{k_x,k_y} | \sigma_x | \tilde{\Psi}^{\pm}_{k_x,k_y} \rangle = \pm \mathrm{sign}\left(A_2 \frac{A_1}{B_1}\right) \frac{k_y}{\sqrt{k_x^2 + k_y^2}}, \tag{9.2.47}$$

$$\langle \tilde{\Psi}^{\pm}_{k_x,k_y} | \sigma_y | \tilde{\Psi}^{\pm}_{k_x,k_y} \rangle = \mp \mathrm{sign}\left(A_2 \frac{A_1}{B_1}\right) \frac{k_x}{\sqrt{k_x^2 + k_y^2}}, \tag{9.2.48}$$

$$\langle \tilde{\Psi}^{\pm}_{k_x,k_y} | \sigma_z | \tilde{\Psi}^{\pm}_{k_x,k_y} \rangle = 0 \tag{9.2.49}$$

である．Bi_2Se_3, Bi_2Te_3, Sb_2Te_3 でのパラメータ

$$A_2 A_1 / B_1 > 0$$

について，表面状態の線形分散の上にスピンの向きを示すと図 9.4 のようになる．表面状態の運動量の向きとスピンの向きは固定されており，スピン運動量ロッキングが実現している．

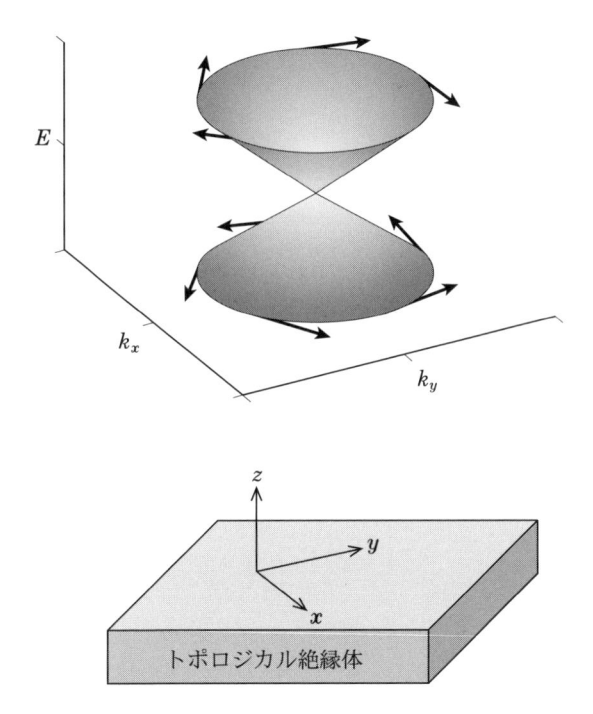

図 **9.4** 表面状態の線形分散と各運動量状態のスピンの向き $(A_2 A_1/B_1 > 0)$ [57].

9.2.2 エデルシュタイン効果

　トポロジカル絶縁体表面の $-x$ 方向に電場 E_x を加えると，スピン運動量ロッキングした表面状態が形成するフェルミ円が $+x$ 方向へシフトする (図 9.5)．その結果，表面にはスピン偏極したキャリアが溜まり，非平衡なスピン蓄積が形成される．このような電場でのスピン蓄積効果をエデルシュタイン効果と呼ぶ．

　トポロジカル絶縁体表面の伝導特性は，フェルミ準位の位置に依存するが，エデルシュタイン効果により表面に蓄積するスピンの偏極方向は変わらない．表面準位が交差するディラック点よりも高いエネルギーにフェルミ準位があればキャリアが電子の N 型トポロジカル絶縁体になり，低いエネルギー準位にあればキャリアが正孔の P 型トポロジカル絶縁体になる．トポロジカル絶縁体 $(\mathrm{Bi}_{1-x}\mathrm{Sb}_x)_2\mathrm{Te}_3$

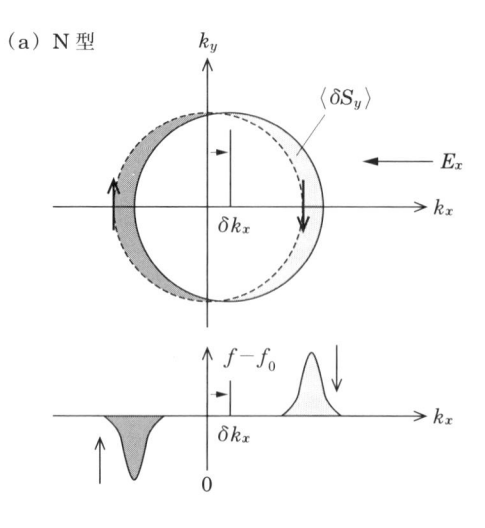

（a）N型

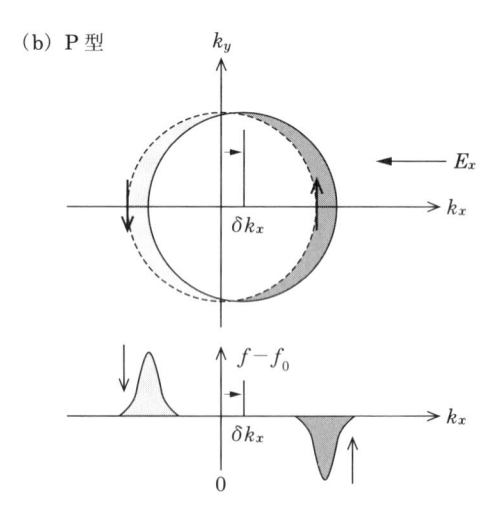

（b）P型

図 **9.5**　（a）N 型トポロジカル絶縁体の表面におけるスピン蓄積．（b）P 型トポロジカル絶縁体の表面におけるスピン蓄積．（a）（b）それぞれ，上図：電場によるフェルミ円のシフト．下図：フェルミ円のシフトによるスピン密度の変化 [59]．

(BST) では，Sb 濃度 (x) を調節することでフェルミ準位を系統的に変化させることができる．Sb 濃度が小さいときは N 型トポロジカル絶縁体となり，図 9.4 に示されるようにフェルミ円上のスピンは時計回りで配置されている．そのため電場を $-x$ 方向に加えると，$-y$ を向くスピンが増加し，トポロジカル絶縁体表面には $-y$ 向きのスピンが蓄積される (図 9.5 (a))．Sb 濃度が大きい P 型のトポロジカル絶縁体では，フェルミ円上のスピン方向が反転して，反時計回りの配置になる．このトポロジカル絶縁体に同じ方向 ($-x$) の電場を加えると，フェルミ円は N 型の場合と同方向 ($+x$) にシフトする．しかし，P 型トポロジカル絶縁体ではキャリアが正孔なので，$+y$ 向きのスピンが減少することになり (図 9.5 (b))，$-y$ 向きのスピンが増加している N 型と同じ状況が P 型でも実現する．このように，トポロジカル絶縁体が N 型から P 型へと変化してキャリアを変えても，表面に蓄積するスピンの偏極方向は同じになる．

トポロジカル絶縁体の直上に金属が成膜されていると，蓄積されたスピンは，スピン流として隣接する金属膜へと拡散する．このプロセスを経ることでトポロジカル絶縁体表面からスピン流を取り出すことができる．電場 E_x によりトポロジカル絶縁体表面に溜まるスピン蓄積 $\langle \delta S_y \rangle$ は，フェルミ面のシフト量 δk_x を用いて，

$$\langle \delta S_y \rangle = \frac{\hbar}{2} k_{\mathrm{F}} \delta k_x = \frac{\mu k_{\mathrm{F}}^2 \hbar E_x}{2 v_{\mathrm{F}}} = \frac{\hbar j_{\mathrm{c}}}{2 e v_{\mathrm{F}}} \tag{9.2.50}$$

と表される．ここで，μ はキャリアの移動度である．スピン蓄積 $\langle \delta S_y \rangle$ が緩和時間 τ^* で金属層へ拡散すると仮定すると，トポロジカル絶縁体から生成されるスピン流は，

$$J_{\mathrm{s}} = 2e \langle \delta S_y \rangle / (\hbar \tau^*)$$

と書き表すことができる．そのため変換係数 η は，

$$\eta = J_{\mathrm{s}} / j_{\mathrm{c}} = (v_{\mathrm{F}} \tau^*)^{-1}$$

となる．実験により見積もられた τ^* は fs のオーダーであり，トポロジカル絶縁体単層のスピン緩和時間 ($\sim$ps) に比べてかなり短く，金属の運動量緩和時間に

近い値となっている [59]. スピン変換係数 η は，印加した 2 次元の電流密度

$$j_\mathrm{c} = ek_\mathrm{F}^2 \mu E_x (\mathrm{A/m})$$

と，界面から生成された 3 次元のスピン流密度

$$J_\mathrm{s} (\mathrm{A/m}^2)$$

の比として定義されるので，η の単位は長さの逆数 (m^{-1}) となる．無次元である変換効率は，有限の界面膜厚を t と仮定すれば，ηt で求めることができる．トポロジカル絶縁体 $\mathrm{Bi}_2\mathrm{Se}_3$ の表面状態が 1 nm 程度の深さまで形成されていることから，$t = 1$ nm とおくと，トポロジカル絶縁体 BST において，50%程度の変換効率が達成されている [59]．この変換効率は，これまで報告されている遷移金属におけるスピンホール効果よりも大きい．

このように 3 次元トポロジカル絶縁体の表面状態で実現するスピン運動量ロッキングを利用することで，電流からスピン流への大きな変換効率が達成されており，スピントロニクスのデバイスとしてのトポロジカル絶縁体の活用が期待される．

第 10 章

超伝導 / 強磁性接合

超伝導と強磁性は典型的なマクロな量子現象である．しかしその性質はまったく異なる．強磁性では電子のスピンは一方向にそろっているが，超伝導ではスピンはすべて一重項になっており，磁束を排除する．このような相反する性質を持つ 2 つの接合を作ることにより，両者にはない興味ある現象が得られる．この章では，超伝導/強磁性接合系，超伝導/強磁性/超伝導接合を取り上げ，いくつかの現象を紹介する．

10.1　超伝導/強磁性接合

図 10.1 (a) は金属/強磁性接合の模式図である．左側の金属ではフェルミ面まで電子で満たされている．一方，右側の超伝導体では，スピン一重項のクーパー対の生成により，フェルミ面の上下 $\pm\Delta$ の範囲はエネルギーギャップになっている．いま，この接合に電圧を加えて左の金属から右の超伝導体に波数 k で上向きスピンを持つ電子を注入する場合，電子のエネルギーがギャップより小さい場合は電子は超伝導体に進入できない．しかし，同時に波数が $-k$ で下向きスピンを持つ正孔が反射されると超伝導体にクーパー対が形成される．このように，金属/超伝導界面で電子と正孔の散乱が同時 (コヒーレント) に起こる現象をアンドレーエフ (Andreev) 反射と呼ぶ [60]．金属/超伝導接合での興味ある現象はアンドレーエフ反射により引き起こされる，と言ってよい．

図 10.1 (b) は金属/超伝導接合のコンダクタンス (G) の電圧 (V) 依存性を示

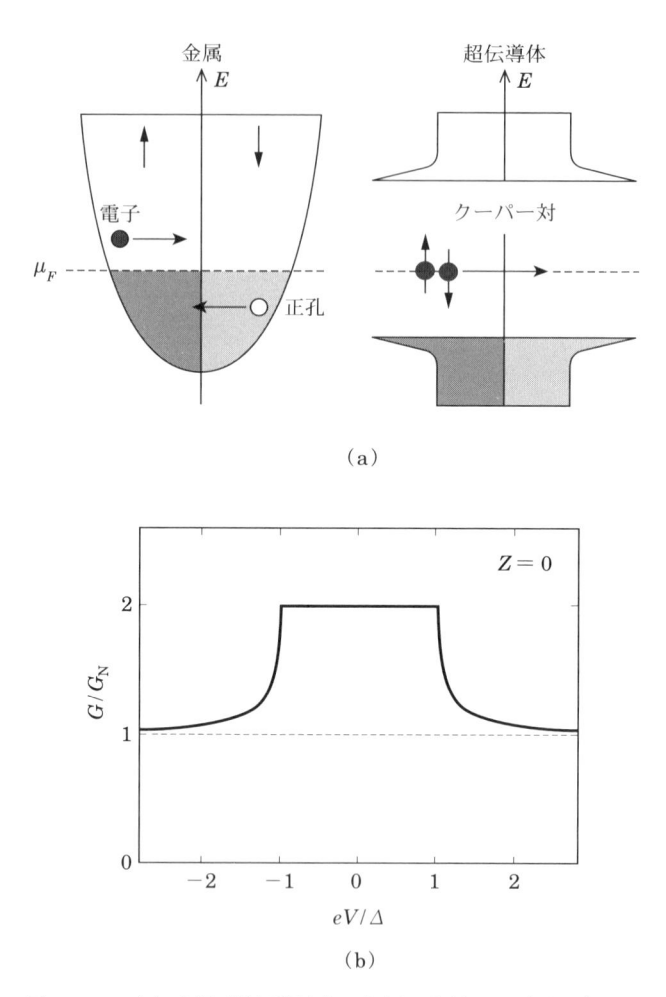

(a)

(b)

図 **10.1** (a) 金属/超伝導接合. 左側の金属から電子が右側の
超伝導体に注入され，当時に正孔が散乱される. 右側の超伝導体
では，クーパー対の生成によりフェルミ面から $\pm\Delta$ の範囲にエ
ネルギーギャップが存在する. (b) 金属/超伝導接合のコンダク
タンス (G) の電圧 (V) 依存性. G_{N} は常磁性状態でのコンダク
タンス. 接合界面にはバリアがない $(z=0)$ とした.

している．G_N は常磁性状態でのコンダクタンスであり，接合界面にはバリアがないとした．電圧が超伝導エネルギーギャップより小さい場合 $(eV < \Delta)$，電流は電荷 $2e$ を持つクーパー対で運ばれる．そのため，コンダクタンスは常伝導状態の 2 倍になる，

$$G(V=0)/G_N = 2. \tag{10.1.1}$$

これはアンドレーエフ反射により超伝導体にクーパー対の生成が誘起されるためである．

それでは，強磁性金属/超伝導接合ではどうであろうか．図 10.2 (a) は接合での強磁性金属および超伝導体の電子状態の模型図である．強磁性金属では上向きスピンの状態と下向きスピンの状態が違っている．その差がスピン分極 (P) である．そのため，強磁性金属中の上向きスピンの電子が超伝導体に注入される場合，アンドレーエフ反射により，下向きスピンの正孔を見つける確率が $1-P$ だけ小さくなる．そのため，クーパー対が作られる確率が $1-P$ となり，コンダクタンスが常伝導状態に比べて $2(1-P)$ となる [61]．

$$G(V=0)/G_N = 2(1-P). \tag{10.1.2}$$

図 10.2 (b) は分極率 P $(P < 1)$ を持つ強磁性金属と超伝導の接合のコンダクタンスの電圧依存性を示している．このようにコンダクタンス (G) は強磁性金属のスピン分極 (P) を反映しているため，強磁性金属/超伝導接合は P の評価に利用されている．図 10.3 はさまざまな強磁性金属と超伝導体 (Nb) との接合の G/G_0 の電圧依存性の実験結果である．ただし，電圧が $V = \pm\Delta/e$ 近傍では異常を示しているが，これは接合界面のトンネル・ポテンシャルによる．そのため，詳細な解析には界面の電子状態を取り入れた計算が必要である．詳細は文献 [63] を参照されたい．

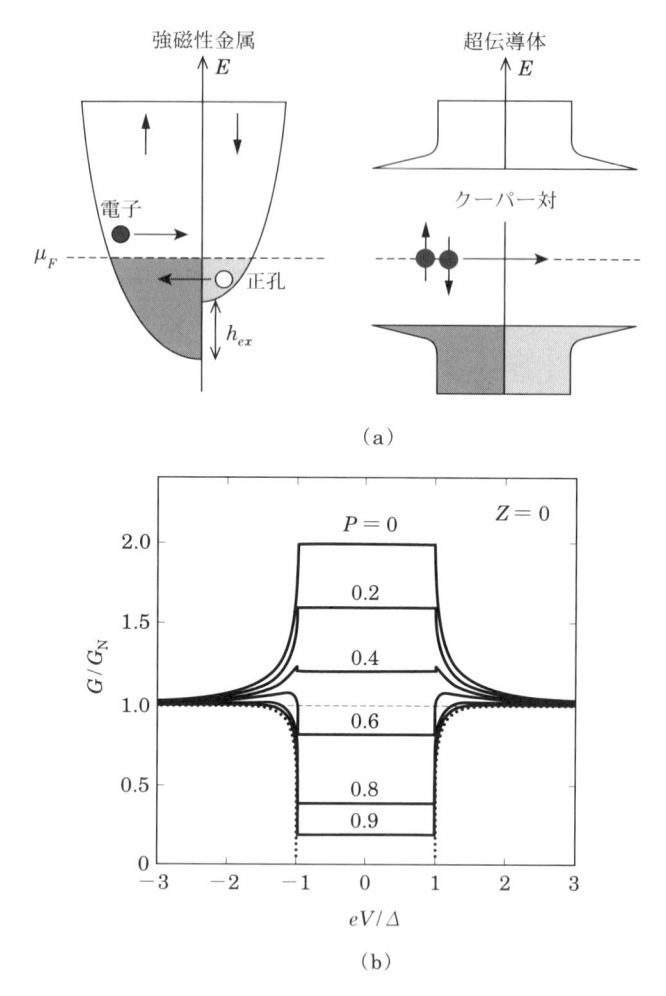

（a）

（b）

図 **10.2** （a）強磁性金属/超伝導接合．電子が左側の強磁性金属から右側の超伝導体に注入され，当時に正孔が散乱される．強磁性金属でのスピン分極の割合を P とするとき，強磁性金属では上向きスピンの状態に比べて下向きスピンの状態が $1-P$ だけ割合が減少している．そのため，右側の超伝導体でのクーパー対の生成確率が $1-P$ だけ減少する．Δ はエネルギーギャップを示す．（b）強磁性金属/超伝導接合のコンダクタンス (G) の電圧 (V) 依存性．G_{N} は常磁性状態でのコンダクタンス．接合界面にはバリアがないとした．

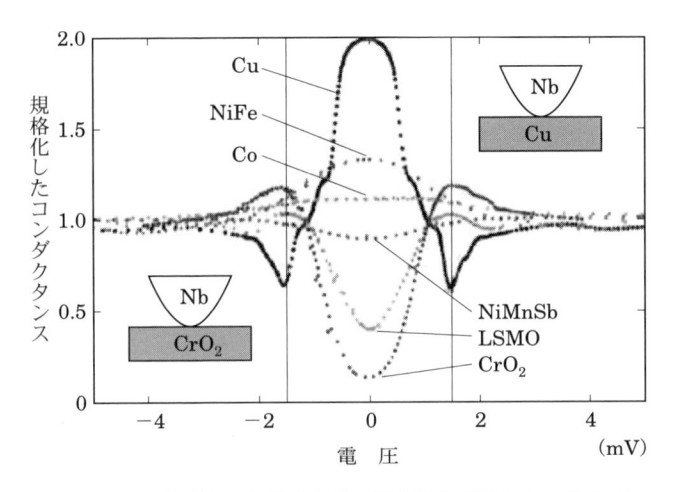

図 **10.3** さまざまな強磁性金属と超伝導体 (Nb) との接合での
コンダクタンス (G) の電圧依存性の実験結果 [62]. G_N は Nb
が常伝導状態でのコンダクタンス. 挿入図はどちらも接合の模型
図. 縦線は $V = \pm\Delta/e$ を示す.

10.2　超伝導/強磁性/超伝導接合

　図 10.4 (a) に示す超伝導体と常伝導体との接合では，超伝導体のクーパー対
が常伝導体の中に浸み出すことが考えられる．そのため，図 10.4 (b) に示すよ
うに，常伝導体の反対側に超伝導体を付けると常伝導体を通して超伝導秩序変数
が繋がり，超伝導電流は常伝導体を通して流れる．いま，右と左の超伝導体の位
相をそれぞれ θ_1, θ_2 とすると，超伝導電流は，

$$I_J = A\sin(\theta_1 - \theta_2) \tag{10.2.1}$$

となる．ここで，係数 A は，常伝導体の状態に依存する関数である．これはよ
く知られた 2 つの超伝導体の間に流れるジョセフソン効果である．

　それでは図 10.4 (c) に示す，超伝導体/強磁性金属の接合の場合はどうであろ
うか．クーパー対はフェルミ面上の波数 k で上向きスピンを持つ電子と $-k$ で
下向きスピンを持つ電子からなっている．一方，強磁性体では図 10.4 (e) に示
すように，上向きスピンの電子のフェルミ波数 ($k_{F\uparrow}$) と下向きスピンの電子の値

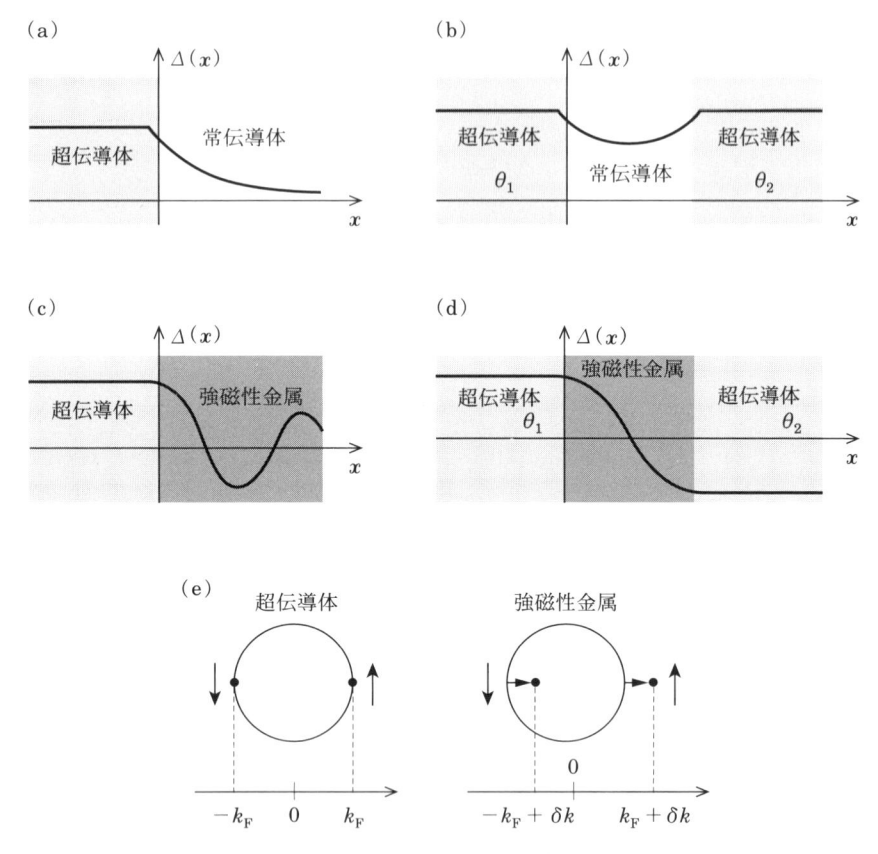

図 **10.4**　(a) 超伝導/常伝導接合．超伝導体のクーパー対が常
伝導体に染み出す．(b) 超伝導/常伝導/超伝導接合．2 つの超伝
導体の秩序変数が超伝導体を通して繋がり，超伝導電流が流れ
る．θ_1，θ_2 はそれぞれの超伝導体の秩序変数の位相である．(c)
超伝導/強磁性金属接合．強磁性金属に進入したクーパー対は運
動量 $(k_{\mathrm{F}\uparrow} - k_{\mathrm{F}\downarrow})$ を持つ．(d) π 接合における電子・正孔対相関
の位相．(e) 強磁性金属では上向きスピンと下向きスピンの電子
のフェルミ波数が違っている．

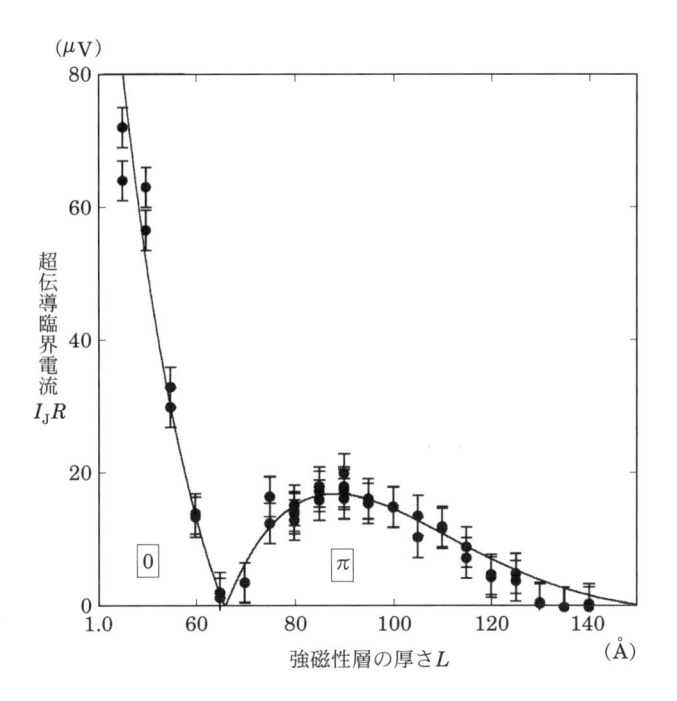

図 **10.5** Nb/PdNi/Nb 接合における超伝導臨界電流の PdNi の厚さ依存性の実験結果 [65].

$(k_{F\downarrow})$ は違っている $(k_{F\uparrow} \neq k_{F\downarrow})$. そのため, クーパー対が強磁性金属に進入すると, 対は $k_{F\uparrow}$ の電子と $-k_{F\downarrow}$ の電子とで作られることになり, 対が運動量

$$(k_{F\uparrow} - k_{F\downarrow})$$

を持つことになり, 超伝導体から距離 (r) 進むと, 対には

$$\exp[i(k_{F\uparrow} - k_{F\downarrow})r]$$

のファクターがつけ加わる. そのため, 厚さ (L) の強磁性体の反対側に超伝導体を付ける, 超伝導体のクーパー対は位相

$$(k_{F\uparrow} - k_{F\downarrow})L$$

をもらうことになり, 接合を流れる超電流は,

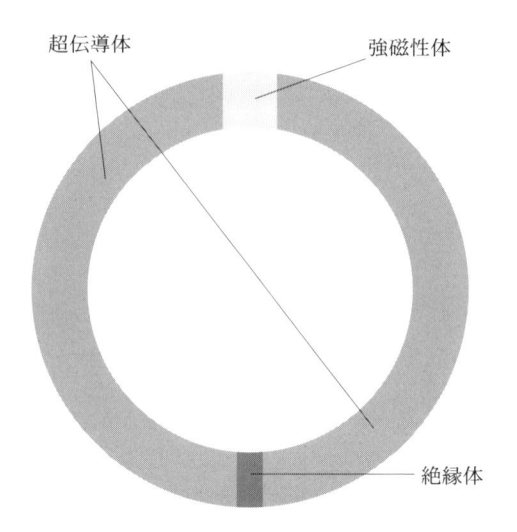

超伝導体　　　　　　　　　　　　　強磁性体

絶縁体

図 10.6　超伝導体/強磁性体/超伝導体の π 接合を用いた qubit
の概念図.

$$I_{\mathrm{J}} = B\sin(\theta_1 - \theta_2 + (k_{\mathrm{F}\uparrow} - k_{\mathrm{F}\downarrow})L) \qquad (10.2.2)$$

となる．ここで，B は強磁性金属と接合の関数である．特に位相

$$(k_{\mathrm{F}\uparrow} - k_{\mathrm{F}\downarrow})L$$

が π になるとき，(10.2.2) 式は，

$$I_{\mathrm{J}} = B\sin(\theta_1 - \theta_2 + \pi)$$
$$= -B\sin(\theta_1 - \theta_2) \qquad (10.2.3)$$

となり，超伝導電流が逆符号を持つ．この状態を π 接合と呼ぶ [64]．図 10.5 は
Nb/PdNi/Nb 接合の超伝導臨界電流の PdNi の厚さ依存性を示している [65]．
PdNi が薄い場合は従来の結合 (0 結合と呼ぶ)，厚くなると π 接合に変化する．

　π 接合は，超伝導磁束量子計算素子 (Superconducting flux quantum bit,
Qubit) として注目されている [66]．図 10.6 は π 接合を用いた Qubit の概念
図である [66]．超伝導リングの中に 0 接合と π 接合が含まれている．この超伝
導リングでは，外部磁場ゼロで半磁束

$$(\phi_0/2 = h/4e)$$

がリングに閉じ込められ，この状態 $(\phi_0/2)$ と $-\phi_0/2$ の状態が縮退している．この2準位状態が qubit として利用できる．磁束を用いたいわゆる flux qubit は2つの0接合を含む超伝導リング (squid) を用いて活発に研究されている [67]．しかし，π 接合を含めることにより，大きな外部磁場なしで qubit が作れるため，より小型で構造がシンプルな超伝導磁束量子計算素子が期待されている．

第11章

終わりに代えて

　本書は「スピントロニクス」の基礎を解説したものである．「スピントロニクス」は長い歴史を持つ磁気物理学の一分野であり，今世紀に入り急速に発展している分野である．そのカバーする領域は，基礎物理学から応用のさまざまな分野に広がっている．物質を構成する最も基本的な粒子が電子であり，その内部自由度としてのスピンの示す物理が広い分野をカバーしている．一方で，スピンそのものの流れであるスピン流が今世紀に入るまであまり注目を集めなかったことは意外であると思われても当然であろう．電子の電荷の流れである電流は保存流であり，どこまでも減衰せずに流れるが，スピン流は保存流でないため，普通の金属では $1\,\mu$m 以内で減衰してなくなってしまう．そのため，スピン流の物理は $1\,\mu$m 以下のデバイスを作る微細加工技術の発展を待たなければならなかった．磁性体に対するこのような微細加工技術が今世紀に入り大きく発展し，スピン流に基づくスピントロニクスが花開く結果となったと言える．まさに，技術が基礎物理学を生み出したわけである．以下では，スピントロニクスの発展とともに歩んできた著者の一人 (前川) がその発展の歴史と今後の展望について述べる．少々個人的な見解になるがご了承願いたい．なおより詳しい個人的な見解は文献 [68] を参照されたい．

　スピントロニクス (spintronics) は spin と electronics を合成した言葉である．この言葉が使われだしたのは，巨大磁気抵抗効果 (GMR) [69, 70] の発見以降である．当時は，magneto-electronics, spin-electronics, spintronics が混在して使われていたが，響が良いことから spintronics が定着したと言える．私は 2006 年に

Oxford University Press から「Concepts in Spin-Electronics」というタイトルの本を出版した [71]．そのときに本のタイトルを「Spintronics」にしようか「Spin-Electronics」にしようか迷った．執筆者の方々に相談したところ，「Spintronics」は今後定着するかどうかわからない，と言う意見が多く，「Spin-Electronics」に決定した．

私は，1975 年 5 月に IBM ワトソン研究所 (ニューヨーク) の Slonczewski 研究室の博士研究員に採用された．当時 IBM では，バブル磁区を計算機のメモリー素子として利用しようとする研究が活発に行われていた．私の研究テーマは，$1\,\mu$m を切って nm の領域に入ったバブル磁区の検出方法としての磁気トンネル素子の可能性を研究するものだった．隣りの江崎玲於奈先生の研究室でトンネル素子の研究をやっていたことから，江崎研究室の協力を得てこの研究に飛び込んだ [4, 10]．磁気トンネル素子は現在では TMR 素子として MRAM に発展しているが，その出発点は磁気センサーとしての研究だった．この時代は，磁気デバイスをサブミクロン以下にすることが大きなテーマであり，磁気工学でのマイクロテクノロジーからナノテクノロジーへの転換期であった．そして，バブル磁区はスピントロニクスの先駆けでもある．なお，最近急速に発展しているスキルミオンの研究 [72] は磁区の大きさを数 $10\,$nm にまで小さくしたバブル磁区とみなしてもよく，バブル磁区メモリーの研究が思わぬ形で発展しており感慨深い．

1988 年に GMR の論文が発表され [69, 70]，1994 年には GMR センサーへの応用がアナウンスされた．また 1997 年にはハードデスクデバイスの GMR 読み取りヘッドが商品化され，さらに同年に GMR-MRAM がアナウンスされている [73, 74]．さらに，MgO トンネルバリアーが発見され，TMR-MRAM が GMR-MRAM に取って代わっている [12, 13]．基礎研究と応用との距離が非常に近いことは，この分野の特徴でもある．

微細加工技術や薄膜作成技術の発展により，さまざまな物質を組み合わせた薄膜素子が開発されている．そして，薄膜の界面でのスピン軌道相互作用による現象が導き出されている．スピン軌道相互作用は特殊相対論によりもたらされる効果であるが，それがデバイス応用にまで及んでいるのは驚きである [75]．さらに，第 7 章で議論した「スピンメカトロニクス」は加速度運動とスピンとの相互

作用によるものであり，まさに一般相対論によりもたらされる [38]．最近，原子核のハドロン物理学とスピントロニクスの共通性が指摘され，スピントロニクスのカバーする領域がどんどん広がっている [76]．

　本書で述べた物理の概念が，さまざまな分野で使われることを期待している．

参考文献

[1] A. Einstein and W.J. de Haas, *Verh. Dtsch. Phys. Ges.* **17**, 152 (1915)

[2] S.J. Barnett, *Phys. Rev.* **6**, 239 (1915)

[3] *Spin Current*, eds. S. Maekawa *et al.*, Oxford University Press (2012, 2017)

[4] 『強磁性トンネル接合』, 前川禎通, 固体物理 **15**, 171 (1980)

[5] 物理学論文選集 VII 『巨大磁気抵抗効果』, 新庄輝也, 前川禎通, 責任編集, 日本物理学会 (1996)

[6] 『金属人工格子』, 藤森啓安, 新庄輝也, 山本良一, 前川禎通, 松井正顕編, アグネ技術センター (1987)

[7] H. Itoh, J. Inoue and S. Maekawa, *Phys. Rev. B* **47**, 5809 (1992)

[8] H. Itoh, T. Hori, J. Inoue and S. Maekawa, *J. Mag. Mag. Matr.* **136**, L33 (1994)

[9] 例えば, C. Kittel, *Quantum Theory of Solids*, John Wiley & Sons, Inc. (1963)

[10] S. Maekawa and U. Gafvert, *IEEE Trans. Magn.* Mag-**18**, 707 (1982)

[11] R. Meservey and P.M. Tedrow, *Phys. Rept.* **238**, 173 (1994)

[12] S. Yuasa *et al.*, *Nature Mater.* **3**, 868 (2004)

[13] S.S.P. Parkin *et al.*, *Nature Mater.* **3**, 862 (2004)

[14] P. Sheng, B. Abeles, and Y. Arie, *Phys. Rev. Lett.* **31**, 44 (1973)

[15] H. Fujimori, S. Mitani, and S. Ohnuma, *Mater. Sci. Eng.* **B31**, 219 (1995)

[16] S. Takahashi and S. Maekawa, *Phys. Rev. Lett.* **80**, 1758 (1998)

[17] 齊藤英治, 村上修一『スピン流とトポロジカル絶縁体』, 共立出版 (2014)

[18] 多々良源『スピントロニクス理論の基礎』, 培風館 (2009)

[19] A.P. Malozemoff and J.C. Slonczewski, *Magnetic Domain Walls in Bubble Materials*, Academic Press (1979)

[20] 近角聡信『強磁性体の物理』, 裳華房 (1970)

[21] S.E. Barnes and S. Maekawa, *Phys. Rev. Lett.* **95**, 107204 (2005)

[22] M. Yamanouchi, J. Ieda, F. Matsukura, S.E. Barnes, S. Maekawa and H. Ohno, *Science* **317**, 1726 (2007)

[23] S.E. Barnes and S. Maekawa, *Phys. Rev. Lett.* **98**, 246601 (2007)

[24] 『スピン起電力——その基礎と展開——』, 家田淳一, 前川禎通, 固体物理 **47**, 339 (2012)

[25] Y. Yamane, K. Sasage, T. An, K. Harii, J. Ohe, J. Ieda, S.E. Barnes, E. Saitoh, and S. Maekawa, *Phys. Rev. Lett.* **107**, 236602 (2011)

[26] N. A. de Oliveira and P. J. von Ranke, *Phys. Rep.* **489**, 89 (2010)

[27] K. Uchida *et al.*, *Nature* **455**, 778 (2008)

[28] C. M. Jaworski *et al.*, *Nature Mater.* **9**, 898 (2010)

[29] K. Uchida *et al.*, *Nature Mater.* **9**, 894 (2010)

[30] S. Geprägs *et al.*, *Nature Commun.* **7**, 10452 (2016)

[31] H. Adachi, K. Uchida, E. Saitoh, and S. Maekawa, *Rep. Prog. Phys.* **76**, 036501 (2013)

[32] H. Adachi, J. Ohe, S. Takahashi, and S. Maekawa, *Phys. Rev. B* **83**, 094410 (2011)

[33] 『熱スピン相互変換』, 大沼悠一, 松尾衛, 齊藤英治, 前川禎通, まぐね **12**, 217 (2017)

[34] J. Flipse *et al.*, *Phys. Rev. Lett.* **113**, 027601 (2014)

[35] S. Daimon *et al.*, *Nature Commun.* **7**, 13754 (2016)

[36] Y. Ohnuma, M. Matsuo, and S. Maekawa, *Phys. Rev. B* **96**, 134412 (2017)

[37] M. Matsuo, J. Ieda, E. Saitoh, and S. Maekawa, *Phys. Rev. Lett.* **106**, 076601 (2011)

[38] 『非慣性系のスピントロニクス』, 松尾衛, 齊藤英治, 前川禎通, 日本物理学会誌 **72**, 641 (2017)

[39] H. Chudo *et al.*, *Appl. Phys. Express* **7**, 063004 (2014)

[40] 『核磁気共鳴法を用いたバーネット磁場の観測』, 中堂博之, 固体物理 **50**, 657 (2015)

[41] M. Matsuo, Y. Ohnuma, and S. Maekawa, *Phys. Rev. B* **96**, 020401(R) (2017)

[42] R. Takahashi *et al.*, *Nature Physics* **12**, 52 (2016)

[43] D.D. Osheroff, R.C. Richardson, and D.M. Lee, *Phys. Rev. Lett.* **28**, 885 (1972)

[44] D. Vollhardt and P. Wölfle, *The Superfluid Phases of Helium 3*, Taylor &

Francis (1990)

[45] A.J. Leggett, *Rev. Mod. Phys.* **47**, 331 (1975)

[46] P.W. Anderson and P. Morel, *Physica* **26**, 671 (1960)

[47] P.W. Anderson and P. Morel, *Phys. Rev.* **123**, 1911 (1961)

[48] R. Balian and N.R. Werthamer, *Phys. Rev.* **131**, 1553 (1963)

[49] 山田一雄，大見哲巨『超流動』，培風館 (1995)

[50] H.H. Jensen *et al.*, *J. Low Temp. Phys.* **41**, 473 (1980)

[51] E. Einzel *et al.*, *J. Low Temp. Phys.* **53**, 695 (1983)

[52] D.F. Brewer *et al.*, *Physica B* **108**, 1059 (1981)

[53] A.S. Bedford *et al.*, *J. Low Temp. Phys.* **85**, 389 (1991)

[54] P. Muzikar, *Phys. Rev. B* **22**, 3200 (1980)

[55] 安藤陽一『トポロジカル絶縁体入門』，講談社 (2014)

[56] 野村健太郎『トポロジカル絶縁体・超伝導体』，丸善出版 (2016)

[57] X.-L. Qi and S.-C. Zhang, *Rev. Mod. Phys.* **83**, 1057 (2011)

[58] 犬井鉄郎，田辺行人，小野寺嘉孝『応用群論』，裳華房 (1976)

[59] 『表面・界面を利用してスピン流を作る』，近藤浩太，軽部修太郎，大谷義近，日本物理学会誌 **72**, 320 (2017)

[60] A.F. Andreev, *Sov. Phys. JETP* **19**, 1228 (1964)

[61] M.J.M. de Jong and C.W.J. Beenaker, *Phys. Rev. Lett.* **74**, 1657 (1995)

[62] R.J. Soulen *et al.*, *Science* **282**, 85 (1998)

[63] G.E. Blonder, M. Tinkham, and T. M. Klapwijk, *Phys. Rev. B* **25**, 4515 (1982)

[64] A.I. Buzdin, L.N. Bulaevskii, and S.V. Panyukov, *Sov. Phys. JETP Lett.* **35**, 178 (1982)

[65] T. Kontos, M. Aprili, J. Lesueur, F. Genet, B. Stephanidis, and R. Boursier, *Phys. Rev. Lett.* **89**, 137007 (2002)

[66] T. Yamashita, K. Tanikawa, S. Takahashi, and S. Maekawa, *Phys. Rev. Lett.* **95**, 097001 (2005)

[67] J.E. Mooij *et al.*, *Science* **285**, 1036 (1999)

[68] 『スピントロニクス —— 過去・現在・未来 ——』，前川禎通，固体物理 **50**, 175 (2015)

[69] M.N. Baibich *et al.*, *Phys. Rev. Lett.* **61**, 2472 (1988)

[70] G. Binasch *et al.*, *Phys. Rev. B* **39**, 4828 (1989).

[71] *Concepts in Spin-Electronics*, ed. S. Maekawa, Oxford University Press (2006)

[72] N. Nagaosa and Y. Tokura, *Nature Nanotech,* **8**, 899 (2013)

[73] G.A. Prinz, *Science* **282**, 1660 (1998)

[74] *Wall Street Journal* 10, Nov. B8 (1997)

[75] I.M. Miron *et al.*, *Nature* **476**, 189 (2011)

[76] News & Views, *Nature* **548**, 34 (2017)

索　引

アルファベット

Anderson–Brinkman–Morel (ABM)
　状態　　　　　　　　　　　104
Andreev 反射　　　　　　　　133
Anisotropic Magneto Resistance
　(AMR)　　　　　　　　　　9
Anomalous Hall effect (AHE)　29
Balian–Wertharmer (BW) 状態　104
BCS 超伝導体　　　　　　　99
Bi_2Se_3　　　　　　　　　　117
Bi_2Te_3　　　　　　　　　　117
Co/Cu 多層膜　　　　　　　9
Fe/Cr 多層膜　　　　　　　6, 8
GMR　　　　　　　5, 8, 9, 19
Hagen–Poiseuille 流　　　　87
Holstein-Primakoff 変換　　22
Inverse spin Hall effect (ISHE)
　　　　　　　　　　　29, 30
LLG 方程式　　　　47, 65, 70
magneto-caloric effect　　　59
MgO　　　　　　　　　　17
Navier–Stokes 方程式　　　86
Ni/NiO/Co トンネル接合　　15
Peltier 効果　　　　　　　60
π 接合　　　　　　　　　140
Reynolds 数　　　　　　　86
Sb_2Te_3　　　　　　　　　117
sd 混成 (sd mixing)　　　　7
spin Hall effect (SHE)　　29, 30

spin pumping　　　　　　　28
spin-motive force (SMF)　　53
Superconducting flux quantum bit
　(Qubit)　　　　　　　　140
Tunnel Magneto Resistance (TMR)
　5, 14, 15, 17, 19
virtual bound state　　　　7

あ行

アインシュタインの関係式　　25
アインシュタイン–ドハース効果
　　　　　　　　　75, 80, 82
圧縮率　　　　　　　　95, 98
アンドレーエフ反射　　　　133
異常速度　　　　　　　　　32
異常ホール効果　　　　29, 41
異常ホール伝導度　　　　　42
異常ホール電流　　　　　　29
位相幾何学 (トポロジー)　　113
一般相対論的ディラック方程式　82
異方的磁気抵抗効果　　　　9
渦度　　　　　　　　　　85
エデルシュタイン効果　113, 129
エネルギー保存則　　　　　53
応力テンソル　　　　106, 108
オーミック電流　　　　　　37
オンサーガーの相反関係　　72

か行

外因性	30
カイラルエッジ状態	114
化学ポテンシャル	91, 95
角運動量保存則	3
拡散係数	25, 35, 64, 66
拡散スピン流	37
拡散長	64
拡散電流	25
核スピン	89, 104
核スピン流	104
仮想束縛状態	7
ガリレイ不変性	49, 51
慣性力	75
緩和時間	63, 64, 107
逆スピンホール効果	29, 30, 36, 88
強磁性トンネル接合	5
強磁性半導体	61
共変計量テンソル	78
局所平衡状態	96
巨大磁気抵抗効果	5, 8, 9, 19
近接効果	27
クーパー対	99, 111
クリープ現象	51
クリフォード代数	77
クーロン・ブロッケイド	18
ケルビンの関係式	73
交換相互作用	21, 26, 43, 53, 66, 69
交換ポテンシャル	6
コリオリ力	75
コンダクタンス	135

さ行

サイクロトロン運動	114
歳差運動	27, 46
サイドジャンプ	32–34, 36, 42
時間反転対称性	116, 124
磁気異方性エネルギー	43
磁気異方性定数	21
磁気回転比	65, 76, 83
磁気抵抗	5
磁気トンネル素子	144
磁気熱効果	59
磁気冷凍	59
磁区	47
磁性多層膜	5
磁性不純物	13
磁壁	43, 47, 50
磁壁幅	45
ジュール熱	2, 29, 68
シュテルン–ゲルラッハ効果	84
純スピン流	29, 39
準粒子	91
準粒子エネルギー	91, 96
準粒子速度	96
準粒子分布	91, 96, 106
準粒子励起エネルギー	106
衝突積分	96, 107
ジョセフソン効果	15, 137
スキッピングモード	114
スキュー散乱	33, 34, 36, 42
スピン一重項状態	100, 103
スピン運動量ロッキング	113, 117, 125, 128, 132
スピン回転相互作用	76, 79, 82, 84, 86, 104, 109, 111
スピン拡散長	26, 35
スピン拡散方程式	35
スピン緩和	26
スピン緩和時間	20, 35
スピン起電力	53–55

スピン軌道相互作用　9, 20, 29, 31, 33, 35, 79, 88, 116, 119

スピン三重項状態　99, 100, 111

スピンゼーベック効果　59, 60, 68, 72

スピン接続　77, 79

スピン蓄積　24, 26, 35, 64, 68, 129, 131

スピン電磁誘導　55

スピントルク　48, 52

スピン波　21, 61, 69

スピンフリップ時間　35

スピン分極　27

スピン・ベリー位相　54

スピンペルチェ効果　59, 61, 68, 72

スピンホール角　36

スピンホール効果　29, 30, 36, 68

スピンポンプ　26, 28

スピンメカトロニクス　75

スピン流　2, 19, 25, 29, 48, 85, 111, 131

スピン流体発電　75, 84, 88

スリップ境界　110

スリップ長　110

整数量子ホール効果　114

ゼーベック効果　60, 72

遷移金属強磁性体　6

剪断流　104

相対論的ディラック方程式　76

相反関係　59, 72

た 行

対称ゲージ　116

帯磁率　94, 98

単一電子トンネル素子　18

超伝導ギャップ　103

超伝導磁束量子計算素子　140

超伝導電流　137

超流動ヘリウム 3　99

超流動ギャップ　104, 106, 109

超流動状態　107

超流動スピン流　111

ディラックハミルトニアン　79

電荷保存則　20

電気化学ポテンシャル　35

動的帯磁率　67, 71

特殊相対論的ディラック方程式　76

トポロジカル絶縁体　113, 116, 121, 129

ドリフト電流　25

トンネル・コンダクタンス　14

トンネル磁気抵抗効果　14, 15, 17, 19

な 行

内因性　30

ナビエ–ストークス方程式　86

二重交換相互作用　52

ネール磁壁　45

熱電変換現象　60

粘性係数　86, 108

は 行

ハーゲン–ポアズイユ流　87

バーネット効果　75, 82

バーネット磁場　75, 82

バブル磁区　144

バンド反転　121

反変計量テンソル　77

非局所スピンホール効果　39

非局所スピンホール素子　39

非局所スピンホール抵抗　41

非保存力　57

微粒子　　　　　　　　　　　　　17
ファラデーの電磁誘導　　　　54, 55
フェリ磁性体　　　　　　　　　　61
フェルミ液体　　　　　90, 91, 98
フェルミ液体相互作用　　　　　　92
物質微分　　　　　　　　　　　　49
ブロッホ磁壁　　　　　　　　45, 47
ブロッホ方程式　　　　　　　66, 70
分子場　　　　　　　　　　　　　94
平均自由距離　　　　　　　　　　32
平均自由行程　　　　　　108, 109
ベリー位相　　　　　　　　　　　54
ヘリウム 3　　　　　　　　　　　89
ヘリカルエッジ状態　　　　　　115
ペルチェ効果　　　　　　　　60, 72
ポアズイユ流　　　　　　　　　110
ホール効果　　　　　　　　　　113
ホール電圧　　　　　　　　　　　39
ボルツマン方程式　　34, 63, 96, 106

ま行

マグノン　　　　　　　21, 23, 61
マグノン蓄積　　　　　　　　63, 64

や行

有効質量　　　　　　　　　　91, 95
揺動散逸関係式　　　　　　　66, 71
芳田関数　　　　　　　　106, 108

ら行

ランダウ準位　　　　　　　　　114
ランダウパラメータ　　　　　94, 98
ランダウ–リフシッツ–ギルバート方程
　式　　　　　　　　　　47, 49, 65

ランダウ–リフシッツ方程式　　　46
乱流状態　　　　　　　　　　　　88
量子スピンホール効果　　　　　113
量子ホール効果　　　　　　　　113
レイノルズ数　　　　　　　　　　86
連続の方程式　　　　　　　　　　97
ローレンツ計量　　　　　　　　　77
ローレンツ変換則　　　　　　　　79

前川 禎通 （まえかわ・さだみち）

略歴

1946年，奈良県生まれ.

1971年，大阪大学大学院理学研究科修士課程修了.

東北大学金属材料研究所，IBMワトソン研究所，名古屋大学工学部，

日本原子力研究開発機構先端基礎研究センターを経て，

現在，理化学研究所創発物性科学研究センター特別顧問.

理学博士. 専門は物性理論.

ホームページ

https://researchmap.jp/read0011325/?lang=english

主な著書

Frontiers of High Tc Superconductors （共編，North-Holland, Amsterdam）

『巨大磁気抵抗効果』（共編，日本物理学会）

Spin Dependent Transport in Magnetic Nanostructures （共編，Taylor & Francis London and New York , Advances in Condensed Matter Science, Vol. 3）

Physics of Transition Metal Oxides （共著，Springer）

Concepts in Spin Electronics （編集，Oxford University Press）

Handbook of Magnetism and Advanced Magnetic Materials （共編，Vol.1, Fundamentals and Theory, John Wiley & Sons Ltd (UK)）

Spin Current （共編，Oxford University Press）

Spin Current 2nd. ed. （共編，Oxford University Press）

堤 康雅 （つつみ・やすまさ）

略歴

1983年生まれ.

2011年，岡山大学大学院自然科学研究科博士後期課程修了.

理化学研究所基礎科学特別研究員，日本学術振興会特別研究員を経て，

現在，理化学研究所創発物性科学研究センター研究員.

博士(理学). 専門は物性理論.

スピントロニクス　　　シリーズ **21** 世紀の物性

2019年 9 月 25 日　第 1 版第 1 刷発行

著　者	前川　禎通・堤　康雅
発行所	株式会社　日本評論社
	〒170-8474 東京都豊島区南大塚3-12-4
	電話　(03) 3987-8621 [販売]
	(03) 3987-8599 [編集]
印　刷	三美印刷株式会社
製　本	井上製本所
装　釘	山田信也 (スタジオ・ポット)

ⓒ Sadamichi Maekawa, Yasumasa Tsutsumi 2019

Printed in Japan

ISBN978-4-535-78825-1